DIE STRENGE LÖSUNG
FÜR DIE ROLLENDE REIBUNG

VON

LUDWIG FÖPPL

MIT 13 BILDERN

1947

LEIBNIZ VERLAG MÜNCHEN

BISHER R. OLDENBOURG. VERLAG

Military Government Information Control License Nr. US - E - 179
1. und 2. Tausend. Copyright 1947 by Leibniz Verlag München
(bisher R. Oldenbourg Verlag München), Druck und Einband
von R. Oldenbourg, Graphische Betriebe G. m. b. H., München

Vorwort

Die vorliegende Arbeit ist in der letzten Zeit des Krieges entstanden. Da die Arbeit vermutlich auch im Ausland gelesen wird, dürfte es für die ausländischen Fachgenossen nicht ohne Interesse sein, zu erfahren, unter welchen Bedingungen die deutschen Wissenschaftler ihre Forschungen in der Zeit des Schreckens durchgeführt haben. Die vielen deutschen Gelehrten, die wie der Verfasser von Anbeginn an die Nazityrannei haßten, konnten ihre Existenz in Deutschland nur dadurch erhalten, daß sie sich möglichst weitgehend auf ihre Wissenschaft zurückzogen. So ist in Deutschland seit 1933 viele wertvolle wissenschaftliche Arbeit geleistet worden. Soweit sie im Krieg entstanden ist, ist sie zum großen Teil noch nicht veröffentlicht. Auch die vorliegende Arbeit ist die erste aus einer Reihe von unveröffentlichten Arbeiten des Verfassers, die gedruckt worden ist. Unter welchem seelischen Druck durch die Nazis diese Arbeiten entstanden sind, davon kann sich kaum ein ausländischer Fachgenosse, der die Gewaltherrschaft des Systems nicht am eigenen Leibe gespürt hat, eine Vorstellung machen. Mögen die Fachgenossen im Ausland bei ihren Gedanken an uns deutsche Wissenschaftler berücksichtigen, daß sehr viele von uns mehr unter diesem Druck gelitten haben als im Ausland im allgemeinen angenommen wird. Mit der Ausbreitung dieser Einsicht wird sich, wie ich hoffe, die tiefe Kluft, die die deutsche Wissenschaft von der ausländischen z. Z. noch trennt, allmählich überbrücken lassen. Die Wissenschaftler, die der Wahrheit dienen und die unabhängig von politischen Grenzen bei ihren Forschungen die gleichen Gesetze anwenden und an die Ergebnisse dieser Forschung die gleichen Maßstäbe anlegen, sind in erster Linie dazu berufen, über die Grenzen hinüber sich die Hände zu reichen. Möge diese Arbeit dazu beitragen!

Mit Rücksicht auf die Papierknappheit wurden die Formeln auf Vorschlag des Verlages umgeschrieben, wodurch beträchtlich an Platz gespart werden konnte. In welcher Weise die übliche Schreibweise der Formeln abgeändert worden ist, geht aus der am Schluß dieser Arbeit befindlichen Anmerkung des Verlages hervor. Sobald sich der Leser an die neue Schreibweise gewöhnt hat, dürfte er sie ebenso gut übersehen wie die früher übliche.

Zum Schluß ist es mir ein Bedürfnis, dem Verlag für die unter schwierigsten Verhältnissen durchgeführte Herausgabe dieser Schrift herzlich zu danken.

München, im Januar 1947 **L. Föppl**

1*

Inhaltsverzeichnis

Einleitung

Die Reibung zwischen Rad und Schiene ist eine Frage, die für die Technik von Bedeutung ist, seitdem es eine wissenschaftliche Technik gibt. Trotzdem ist die Lösung dieser alten Frage bisher nicht streng gelungen. Im folgenden wird die strenge Lösung gegeben unter der Voraussetzung, daß Rad und Schiene aus den gleichen Werkstoffen bestehen, so daß ihre elastischen Konstanten übereinstimmen, und daß es sich um einen rein elastischen Rollvorgang handelt, wobei bleibende Formänderungen ausgeschlossen sind.

Während man sich in der ersten Hälfte des 19. Jahrhunderts bei der Frage der rollenden Reibung auf Versuche beschränkt hat, um die Größe des Rollwiderstandes zu messen, z. B. die Versuche von Coulomb und Morin, hat sich als erster der Physiker Osborn Reynolds in seiner Arbeit „On rolling friction" Phil. Tans. of the Royal Society of London (1875) erfolgreich mit dem physikalischen Vorgang beim Rollen beschäftigt. Er stellte dabei fest, daß der Rollwiderstand mit einem teilweisen Schlüpfen in der Berührungslinie zwischen Rad und Schiene verbunden ist, ähnlich wie der Riemen eines Riemenantriebes auf der Riemenscheibe in einem Teil des umspannten Bogens schlüpfen muß, um den Ausgleich in den Spannungen und Formänderungen im auflaufenden und im ablaufenden Teil des Riemens zu bewirken. Je größer das auf die Riemenscheibe übertragene Moment ist, desto größer muß der Unterschied der Spannungen im ablaufenden gegenüber dem auflaufenden Riemenzug sein, um so größer muß demnach auch der durch die verschieden hohen elastischen Dehnungen beider Riemenzüge hervorgerufene Schlupf auf der Riemenscheibe sein. Dasselbe gilt für das Schlüpfen in einem Teil der Berührungslinie zwischen Rad und Schiene beim Rollen. Je größer die zwischen beiden übertragene Tangentialkraft beim Anfahren oder Bremsen des Rades ist, desto größer ist auch der Schlupf.

So wichtig dieses Ergebnis von Reynolds für das physikalische Verständnis des Rollvorganges und der rollenden Reibung auch war, so fehlten für das vollständige Verstehen des Rollvorganges namentlich hinsichtlich der Größe des dabei auftretenden Schlupfes sowie der Spannungen noch wesentliche Erkenntnisse. In dieser Beziehung bildeten die beiden Arbeiten von Heinrich Hertz: „Über die Berührung fester elastischer Körper" im Journal für reine und angewandte Mathematik (1881) und „Über die Berührung fester elastischer Körper und über die Härte", in den „Abhandlungen des Vereines zur Beförderung des Gewerbefleißes", Berlin 1882, einen wichtigen Fortschritt. Diese Arbeiten beziehen sich allerdings nur auf die elastische Berührung zweier Körper, in unserem Fall von Rad und Schiene, bei Normaldruck, also ohne Tangentialkraft. Der durch den Normaldruck zwischen Rad und Schiene hervorgerufene Spannungs- und Formänderungszustand ist seitdem vollständig bekannt. Es fehlte bisher aber noch die entsprechende Lösung für die in der Berührungslinie zwischen Rad und Schiene übertragene Tangentialkraft. Trotz vieler Bemühungen[1] konnte jedoch bisher

---

[1]) s. H. Fromm „Berechnung des Schlupfes beim Rollen deformierbarer Scheiben" Z.A.M.M. Bd. 7 (1927) S. 27 bis 58 und „Arbeitsverlust, Formänderungen und Schlupf beim Rollen von treibenden und gebremsten Rädern oder Scheiben" Z. f. techn. Physik 9. Jg. (1928) S. 299 bis 311.

in dieser Beziehung kein wesentlicher Fortschritt erzielt werden. Es dürfte dies seinen Grund darin haben, daß das zur Lösung der vorliegenden und ähnlicher Aufgaben zweckmäßige mathematische Hilfsmittel bisher nicht bekannt war und erstmalig in § 1 der vorliegenden Arbeit bekanntgegeben wird. Unter Anwendung dieses neuen Hilfsmittels macht die theoretische Bewältigung der strengen Lösung der rollenden Reibung keine erheblichen Schwierigkeiten.

An den Anfang unserer Betrachtungen sei die Formel für die halbe Länge A der Berührungslinie zwischen Rad und Schiene nach H. Hertz gestellt:

$$A = 2 \sqrt{(2/\pi) \; [(m^2 - 1)/m^2] \; (Nr/E)},$$

worin r den Radius des Rades und E bzw. $1/m$ den Elastizitätsmodul bzw. die Poissonsche Konstante des Materials von Rad und Schiene bedeuten.

§ 1. Ein mathematisches Hilfsmittel

Für die Untersuchungen über die rollende Reibung und den elastischen Schlupf zwischen Rad und Schiene ist ein mathematisches Hilfsmittel erforderlich, das als erstes hier abgeleitet werden soll. Zu diesem Zweck gehen wir von der folgenden bekannten Integralformel aus, die ich schon in verschiedenen anderen wissenschaftlichen Arbeiten mit Erfolg angewandt habe[1]):

$$\int_{u=0}^{a} \frac{d\,u}{(x^2 - u^2) \sqrt{a^2 - u^2}} = \begin{cases} 0 & \text{für } x^2 < a^2 \\ \dfrac{\pi}{2\,x \sqrt{x^2 - a^2}} & \text{,, } x^2 > a^2 \end{cases} \quad \cdots \cdots \text{(1a)}$$

Da der Integrand für $x = \pm\,u$ singulär ist, ist das Integral als Cauchyscher Hauptwert zu verstehen[2]).

Ich werde zunächst nachweisen, daß man durch Umformen der linken Seite dieser Gleichung dafür auch schreiben kann

$$\int_{u=-a}^{+a} \frac{d\,u}{(x - u) \sqrt{a^2 - u^2}} = \begin{cases} 0 & \text{für } x^2 < a^2 \\ \dfrac{\pi\,x}{|x| \sqrt{x^2 - a^2}} & \text{,, } x^2 > a^2 \end{cases} \quad \cdots \cdots \text{(1b)}$$

Um diesen Nachweis zu führen, gehen wir von der linken Seite dieser letzten Gleichung aus und schreiben dafür:

$$\int_{u=-a}^{+a} \frac{d\,u}{(x - u) \sqrt{a^2 - u^2}} = \int_{u=-a}^{0} \frac{d\,u}{(x - u) \sqrt{a^2 - u^2}} + \int_{u=0}^{a} \frac{d\,u}{(x - u) \sqrt{a^2 - u^2}}$$

oder, indem wir in dem ersten Integral der rechten Seite vorübergehend $v = -\,u$ einführen:

$$\int_{u=-a}^{0} \frac{d\,u}{(x - u) \sqrt{a^2 - u^2}} = \int_{v=0}^{a} \frac{d\,v}{(x + v) \sqrt{a^2 - v^2}}$$

---

[1]) Siehe z. B. L. Föppl „Neue Ableitung der Hertzschen Härteformel für die Walze". Z.A.M.M. Bd. 16 (1936) S. 169. L. Föppl „Elastische Beanspruchung des Erdbodens unter Fundamenten". Forschung. Ing.-Wesen, Bd. 12 (1941) S. 34.

[2]) Siehe G. Hamel, Integralgleichungen, Berlin 1937, S. 148.

und dieses Integral in die vorhergehende Gleichung einsetzen, wobei wieder statt des Buchstabens v der Buchstabe u geschrieben wird, erhalten wir

$$\int\limits_{u=-a}^{+a} \frac{d u}{(x-u)\sqrt{a^2-u^2}} = \int\limits_{u=0}^{a}\left(\frac{1}{x+u}+\frac{1}{x-u}\right)\frac{d u}{\sqrt{a^2-u^2}} = 2x\int\limits_{u=0}^{a}\frac{d u}{(x^2-u^2)\sqrt{a^2-u^2}}.$$

Unter Benützung von Gl. (1a) folgt hieraus tatsächlich Gl. (1b).

Für die Anwendung auf das Problem der rollenden Reibung brauchen wir noch andere Integralformeln, die leicht aus Gl. (1b) abgeleitet werden können. Wir gehen von dem nachstehenden bestimmten Integral aus, das wieder zwischen den festen Grenzen $-a$ und $+a$ genommen wird, und machen damit die folgenden einfachen Umformungen

$$\int\limits_{u=-a}^{+a} \frac{u\,d u}{(x-u)\sqrt{a^2-u^2}} = -\int\limits_{u=-a}^{+a}\frac{(x-u-x)\,d u}{(x-u)\sqrt{a^2-u^2}} = -\int\limits_{u=-a}^{+a}\frac{d u}{\sqrt{a^2-u^2}}+x\int\limits_{u=-a}^{+a}\frac{d u}{(x-u)\sqrt{a^2-u^2}}.$$

Beachtet man, daß

$$\int\limits_{u=-a}^{+a}\frac{d u}{\sqrt{a^2-u^2}}=\pi,$$

so folgt unter Berücksichtigung von Gl. (1b) die Integralformel:

$$\int\limits_{u=-a}^{+a}\frac{u\,d u}{(x-u)\sqrt{a^2-u^2}} = \begin{cases} -\pi & \text{für } x^2 < a^2 \\ -\pi + \pi\dfrac{x^2}{|x|\sqrt{x^2-a^2}} & \text{,, } x^2 > a^2 \end{cases} \quad \cdots \text{(2)}$$

Entsprechend gehen wir bei dem folgenden Integral vor:

$$\int\limits_{u=-a}^{+a}\frac{u^2\,d u}{(x-u)\sqrt{a^2-u^2}} = -\int\limits_{u=-a}^{+a}\frac{(x-u-x)\,u\,d u}{(x-u)\sqrt{a^2-u^2}} = -\int\limits_{u=-a}^{+a}\frac{u\,d u}{\sqrt{a^2-u^2}}+x\int\limits_{u=-a}^{+a}\frac{u\,d u}{(x-u)\sqrt{a^2-u^2}}$$

woraus wegen

$$\int\limits_{u=-a}^{+a}\frac{u\,d u}{\sqrt{a^2-u^2}}=0$$

und wegen Gl. (2) die folgende Integralformel hervorgeht:

$$\int\limits_{u=-a}^{+a}\frac{u^2\,d u}{(x-u)\sqrt{a^2-u^2}} = \begin{cases} -\pi x & \text{für } x^2 < a^2 \\ -\pi x + \pi\dfrac{x^3}{|x|\sqrt{x^2-a^2}} & \text{,, } x^2 > a^2 \end{cases} \quad \cdots \text{(3)}$$

Sinngemäß lassen sich weitere Integralformeln ableiten. Wir wollen noch die folgenden ableiten:

$$\int\limits_{u=-a}^{+a}\frac{u^3\,d u}{(x-u)\sqrt{a^2-u^2}} = \int\limits_{u=-a}^{+a}\frac{(x-u-x)\,u^2\,d u}{(x-u)\sqrt{a^2-u^2}} = -\int\limits_{u=-a}^{+a}\frac{u^2\,d u}{\sqrt{a^2-u^2}}+x\int\limits_{u=-a}^{+a}\frac{u^2\,d u}{(x-u)\sqrt{a^2-u^2}}$$

woraus wegen

$$\int\limits_{u=-a}^{+a}\frac{u^2\,d u}{\sqrt{a^2-u^2}}=\frac{\pi}{2}a^2$$

und wegen Gl. (3) die folgende Integralformel hervorgeht:

$$\int_{u=-a}^{+a} \frac{u^3 \, du}{(x-u)\sqrt{a^2-u^2}} = \begin{cases} -\dfrac{\pi}{2}a^2 - \pi x^2 & \text{für } x^2 < a^2 \\ -\dfrac{\pi}{2}a^2 - \pi x^2 + \pi \dfrac{x^4}{|x|\sqrt{x^2-a^2}} & \text{für } x^2 > a^2 \end{cases} \qquad (4)$$

Durch Zusammenfassung der Gl. (1b), (2), (3) und (4) folgt:

$$\frac{1}{\pi}\int_{u=-a}^{+a} \frac{(c_0+c_1 u+c_2 u^2+c_3 u^3)\,du}{(x-u)\sqrt{a^2-u^2}} = \begin{cases} -c_1 - c_2 x - c_3\left(\dfrac{a^2}{2}+x^2\right) & \text{für } x^2 < a^2 \\[2mm] -c_1 - c_2 x - c_3\left(\dfrac{a^2}{2}+x^2\right) + \\[1mm] +\dfrac{x}{|x|}\dfrac{c_0+c_1 x+c_2 x^2+c_3 x^3}{\sqrt{x^2-a^2}} & \text{für } x^2 > a^2 \end{cases}$$
$$\cdots (5)$$

In dieser Formel sind die Größen c_0, c_1, c_2, c_3 unabhängig von x und u. Sie brauchen aber deshalb keine Konstante zu sein, sondern können auch Funktionen einer neuen Veränderlichen sein, über die alsdann wieder zwischen irgendwelchen festen Grenzen integriert werden kann.

Aus Gl. (5) folgt für $c_1 = c_3 = 0$ und $c_2 = -c_0/a^2$

$$\frac{c_0}{a^2\pi}\int_{-a}^{+a} \frac{\sqrt{a^2-u^2}}{x-u}\,du = \begin{cases} \dfrac{c_0}{a^2}x & \text{für } x^2 \leqq a^2 \\[2mm] \dfrac{c_0}{a^2}x - \dfrac{x}{x}\cdot\dfrac{c_0}{a^2}\sqrt{x^2-a^2} & \text{für } x^2 \geqq a^2 \end{cases}$$

oder

$$\frac{1}{\pi}\int_{-a}^{+a} \frac{\sqrt{a^2-u^2}}{x-u}\,du = \begin{cases} x & \text{für } x^2 \leqq a^2 \\[2mm] x - \dfrac{x}{|x|}\sqrt{x^2-a^2} & \text{für } x^2 \geqq a^2 \end{cases} \quad\cdots\cdots (5a)$$

Mit dieser Integralformel kann man ähnlich verfahren wie mit der Integralformel der Gl. (1b), um neue zu erhalten. Wir bilden zu diesem Zweck:

$$\int_{u=-a}^{+a} \frac{u\sqrt{a^2-u^2}}{x-u}\,du = -\int_{-a}^{+a} \frac{(x-u-x)\sqrt{a^2-u^2}}{x-u}\,du = -\int_{-a}^{+a}\sqrt{a^2-u^2}\,du + x\int_{-a}^{+a}\frac{\sqrt{a^2-u^2}}{x-u}\,du,$$

woraus wegen

$$\int_{-a}^{+a}\sqrt{a^2-u^2}\,du = \frac{a^2}{2}\pi$$

und wegen Gl. (5a) folgt

$$\frac{1}{\pi}\int_{-a}^{+a} \frac{u\sqrt{a^2-u^2}}{x-u}\,du = \begin{cases} -\dfrac{a^2}{2}+x^2 & \text{für } x^2 \leqq a^2 \\[2mm] -\dfrac{a^2}{2}+x^2-\dfrac{x^2}{x}\sqrt{x^2-a^2} & \text{für } x^2 \geqq a^2 \end{cases} \quad\cdots\cdots (5b)$$

Entsprechend verfahren wir mit dem folgenden Integral:

$$\int_{-a}^{+a} \frac{u^2\sqrt{a^2-u^2}}{x-u}\,du = \int_{-a}^{+a} \frac{(x-u-x)u\sqrt{a^2-u^2}}{x-u}\,du =$$
$$= -\int_{-a}^{+a} u\sqrt{a^2-u^2}\,du + x\int_{-a}^{+a} \frac{u\sqrt{a^2-u^2}}{x-u}\,du,$$

woraus wegen
$$\int\limits_{-a}^{+a} u \sqrt{a^2 - u^2}\, d u = 0$$

und wegen Gl. (5 b) folgt

$$\frac{1}{\pi} \int\limits_{-a}^{+a} \frac{u^2 \sqrt{a^2 - u^2}}{x - u}\, d u = \begin{cases} -\dfrac{a^2}{2}\, x + x^3 & \text{für } x^2 \leqq a^2 \\[2mm] -\dfrac{a^2}{2}\, x + x^3 - \dfrac{x^3}{x} \sqrt{x^2 - a^2} & \text{für } x^2 \geqq a^2 \end{cases} \quad . \; . \; . \; (5\,c)$$

Natürlich könnte man entsprechend weitere Integralformeln ableiten. Durch Zusammenfassung der Gl. (5 a) bis (5 c) folgt:

$$\frac{1}{\pi} \int\limits_{-a}^{+a} \frac{c_0 + c_1 u + c_2 u^2}{x - u} \sqrt{a^2 - u^2}\, d u = \begin{cases} c_0 x + c_1 \left(x^2 - \dfrac{a^2}{2} \right) + c_2 x \left(x^2 - \dfrac{a^2}{2} \right) \\[2mm] \qquad\qquad\qquad\qquad \text{für } x^2 \leqq a^2 \\[3mm] c_0 x + c_1 \left(x^2 - \dfrac{a^2}{2} \right) + c_2 x \left(x^2 - \dfrac{a^2}{2} \right) - \\[2mm] \quad - \dfrac{x}{x}\, (c_0 + c_1 x + c_2 x^2) \sqrt{x^2 - a^2} \\[2mm] \qquad\qquad\qquad\qquad \text{für } x^2 \geqq a^2 \end{cases} \quad . \; . \; . \; . \; . \; (6)$$

Wir kommen für unsere Zwecke mit den in diesem ersten § gegebenen Integraldarstellungen aus. Es sei aber darauf hingewiesen, daß sich dieses neue mathematische Hilfsmittel noch weiter ausbauen läßt und vermutlich auch für andere Anwendungen auf physikalische Probleme von Vorteil sein dürfte.

Für die Berechnung der Spannungen in der Umgebung der Berührungsfläche von Rad und Schiene, wie sie in § 7 der vorliegenden Arbeit durchgeführt wird, ist der Fall von Bedeutung, daß die Veränderliche x in Gl. (5) nicht reell, wie dort angenommen, sondern komplex ist. In diesem Fall geht Gl. (5) über in[1]

$$\frac{1}{\pi} \int\limits_{-a}^{+a} \frac{c_0 + c_1 u + c_2 u^2 + c_3 u^3}{(x - u) \sqrt{a^2 - u^2}}\, d u = - c_1 - c_2 x - c_3 \left(\frac{a^2}{2} + x^2 \right) + \frac{c_0 + c_1 x + c_2 x^2 + c_3 x^3}{\sqrt{x^2 - a^2}}$$

$$. \; . \; . \; (6\,a)$$

(gültig für komplexes x)
und Entsprechendes gilt für Gl. (6), die in diesem Fall lautet:

$$\frac{1}{\pi} \int\limits_{-a}^{+a} \frac{c_0 + c_1 u + c_2 u^2}{x - u} \sqrt{a^2 - u^2}\, d u =$$

$$= c_0 x + c_1 \left(x^2 - \frac{a^2}{2} \right) + c_2 x \left(x^2 - \frac{a^2}{2} \right) - (c_0 + c_1 x + c_2 x^2) \sqrt{x^2 - a^2}$$

$$. \; . \; . \; (6\,b)$$

(gültig für komplexes x).

§ 2. Die Schubspannungsverteilung zwischen Rad und Schiene in den Grenzfällen vollkommenen Haftens und vollkommenen Schlüpfens

Wir wollen voraussetzen, daß Rad und Schiene aus dem gleichen Werkstoff bestehen, so daß sie in ihren elastischen Konstanten übereinstimmen. Wird das

---

[1] s. G. S c h u b e r t „Bemerkungen zu einigen bestimmten Integralen". Z.A.M.M. Bd. 21 (1941) S. 190.

Rad mit einer Normalkraft N auf die Schiene gepreßt, wobei vorausgesetzt werden soll, daß die Beanspruchung überall innerhalb der Elastizitätsgrenzen erfolgt, so bildet sich die bekannte Hertzsche halbelliptische bzw. halbkreisförmige Druckverteilung längs der Berührungsfläche zwischen Rad und Schiene aus. Bei Zunahme des Normaldruckes wächst die Länge $2\,a$ der Berührungsfläche, wobei aber die ursprünglich in Berührung gewesenen Oberflächenelemente von Rad und Schiene in dauernder Berührung bleiben, da wir gleiche Elastizitätsmoduln für Rad und Schiene vorausgesetzt haben. Es fragt sich, ob dieses Haften von Rad und Schiene auch noch erhalten bleibt, wenn wir außer dem Normaldruck N eine Tangentialkraft T wirken lassen, solange kein Gleiten eintritt.

Die Bedingung für das H aften läßt sich in den Spannungen dadurch ausdrücken, daß die in der Berührungsfläche von Rad und Schiene übertragene Tangentialkraft T innerhalb dieser Berührungsfläche von der Länge $2\,a$ keine zusätzlichen Tangentialspannungen σ_t hervorrufen kann. Wird beim Rollen eine Tangentialkraft T übertragen, so wird die an der Radoberfläche beim Eintritt in die Drucklinie herrschende tangentiale Spannung $-\sigma_0$ beim Durchgang durch das ganze Haftgebiet der Druckfläche unverändert bleiben. Dasselbe gilt für die Oberflächenelemente der Schiene, nur mit dem Unterschiede, daß hier die im Haftgebiet gleichbleibende Tangentialspannung $+\sigma_0$ beträgt. Positiven Werten σ_0 soll bis auf weiteres eine das Rad antreibende, negativen Werten eine das Rad bremsende Tangentialkraft T entsprechen.

Diesen Tangentialspannungen $\pm\,\sigma_0$ innerhalb des Haftgebietes der Berührungsfläche im Rad bzw. in der Schiene kann sich noch ein Spannungszustand überlagern, der an den in Berührung stehenden Elementen von Rad und Schiene auch dem Vorzeichen nach gleich ist, ohne daß dadurch die Haftbedingung verletzt würde. Wie wir später sehen werden, tritt dieser Zustand im allgemeinen Fall auch wirklich ein.

Um die Haftbedingung formelmäßig zu erfassen, gehen wir von der Formel für die Spannungen aus, die sich in der unendlichen Halbebene unter der Wirkung einer tangentialen Einzelkraft $T=Q$ an der geradlinigen Begrenzung der Halbebene ausbilden[1]) (siehe Bild 1)

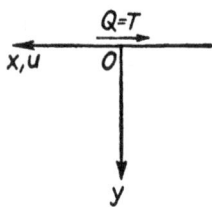

Bild 1

$$(\sigma_x)_{y=0} = (2/\pi)\,(Q/x) \quad\ldots\ldots \quad (7)$$

Für den Fall, daß sich die Tangentialkraft auf einer Strecke zu beiden Seiten des Nullpunktes unseres Koordinatensystems von der gesamten Länge $2\,a$ verteilt, so folgt aus Gl. (7)

$$(\sigma_x)_{y=0} = \frac{2}{\pi}\int\limits_{-a}^{+a}\frac{q(u)\,d\,u}{x-u} \quad\ldots\ldots\ldots \quad (8)$$

worin $q\,(u)$ die tangentiale Belastungsstärke oder Schubspannung im Belastungsstreifen bedeutet. Die gesamte, in der Berührungslinie übertragene Tangentialkraft T hängt mit der Schubspannung $q\,(u)$ folgendermaßen zusammen:

$$T = \int\limits_{-a}^{+a} q\,(u)\,d\,u \quad\ldots\ldots\ldots\ldots \quad (9)$$

---

[1]) Siehe z. B. L. F ö p p l „Beanspruchung von Schiene und Rad beim Anfahren und Bremsen". Forschung auf dem Gebiet des Ingenieurwesens, 7. Jahrg. (1936) S. 141 bis 147.

Setzen wir voraus, daß beim Rollen zwischen Rad und Schiene längs der ganzen Berührungslinie von $u = +a$ bis $u = -a$ Haften eintritt, so muß dort die Tangentialspannung $(\sigma_x)_{y=0}$ überall konstant sein. Wie der Vergleich von Gl. (8) mit Formel (5) des vorigen § zeigt, wird diese Bedingung bei der folgenden Schubspannungsverteilung erfüllt:

$$q(u) = (c_0 + c_1 u)/(2\sqrt{a^2 - u^2}) \quad \ldots \ldots \ldots \ldots (10)$$

Nach Gl. (5) beträgt bei dieser tangentialen Lastverteilung in der Berührungslinie

$$(\sigma_x)_{y=0} = \begin{cases} -c_1 & \text{für } x^2 < a^2 \\ -c_1 + (x/|x|) \cdot (c_0 + c_1 x)/\sqrt{x^2 - a^2} & \text{für } x^2 > a^2 \end{cases} \quad \ldots (11)$$

Die Konstante c_1 hat darin die Bedeutung der konstanten Spannung $(\sigma_x)_{y=0} = \sigma_0 = -c_1$ in der Berührungslinie der Schienenoberfläche bzw. mit dem umgekehrten Vorzeichen in der Berührungslinie des Rades, soweit sie von der Tangentialkraft T herrührt. Die Konstante c_0 läßt sich so festlegen, daß an der Anlaufseite für $x = +a$ die Spannung $(\sigma_x)_{y=0}$ von außen also für $x > a$ stetig an die Spannung in der Berührungslinie anschließt. Man braucht zu diesem Zweck nur zu setzen:

$$c_0 = -c_1 a = \sigma_0 a \quad \ldots \ldots \ldots \ldots \ldots (12)$$

Damit geht Gl. (11) über in

$$(\sigma_x)_{y=0} = \begin{cases} +\sigma_0 & \text{für } x^2 < a^2 \\ +\sigma_0 - \sigma_0 (x/|x|)(x-a)/\sqrt{x^2 - a^2} = \sigma_0 - \sigma_0\sqrt{(x-a)/(x+a)} & \text{für } x^2 > a^2 \end{cases}$$
$$\ldots (13)$$

Bild 2 gibt den Verlauf dieser Spannungen in der Schiene und mit umgekehrten Vorzeichen fürs Rad. Ferner ist in dieses Bild der zugehörige Verlauf der Schubspannungsverteilung $q(u)$ im Belastungsstreifen $2a$ eingezeichnet, der sich nach Gl. (10) zu

$$q(u)$$
$$= -(\sigma_0/2)(a-u)/\sqrt{a^2 - u^2}$$
$$= -(\sigma_0/2)\sqrt{(a-u)/(a+u)}$$
$$\ldots (14)$$

ergibt.

Daraus berechnet sich durch Integration über $q(u)$ die im Berührungsstreifen übertragene Tangentialkraft T zu

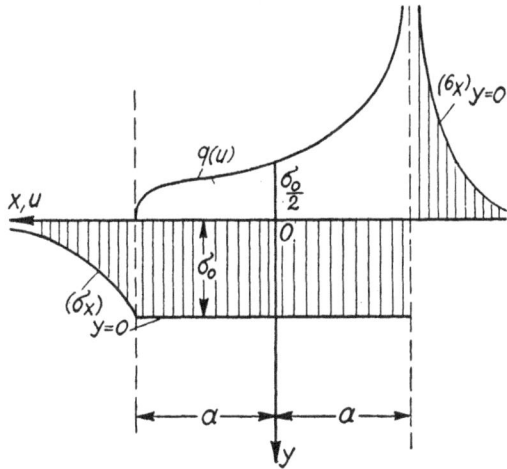

Bild 2

$$T = \int_{-a}^{+a} q(u)\, du = -(\sigma_0/2)\int_{-a}^{+a}\sqrt{(a-u)/(a+u)}\, du = (\pi/2)\, a\, \sigma_0.$$

Wie Gl. (13) und (14) bzw. Bild 2 zeigen, dürften durch die gefundene Lösung die Verhältnisse an der Anlaufseite vor der Berührungslinie und in deren vorderem Teil der Wirklichkeit gut angepaßt sein; dagegen versagt die Lösung offenbar an der Ablaufseite, da hier sowohl $q(u)$ als auch $(\sigma_x)_{y=0}$ unendlich große

Werte annehmen. Da dies in Wirklichkeit nicht möglich ist, folgt aus unseren bisherigen Betrachtungen das wichtige Ergebnis, daß beim Vorhandensein einer tangentialen Kraft Rollen mit vollkommenem Haften zwischen Rad und Schiene längs der ganzen Berührungslinie nicht möglich ist. Vielmehr muß stets an der Ablaufseite in einem Teil der Berührungslinie Schlüpfen eintreten, wie dies ja auch physikalisch zu erwarten ist wegen des erforderlichen Ausgleiches der Spannungen $(\sigma_x)_{y=0}$ am Ende der Berührungslinie. Wie wir in § 8 zeigen werden, kann man dem hier betrachteten Grenzfall vollkommenen Haftens nahe kommen. Da hiermit eine erhöhte Bremskraft verbunden ist, kommt dem Zustand nahezu vollkommenen Haftens praktische Bedeutung zu.

Wir wollen nun den Grenzfall vollkommenen Schlüpfens auf der ganzen Berührungslinie untersuchen, wobei $T = \mu_0 N$ wird. In diesem Fall wird man in den Ausdruck für $(\sigma_x)_{y=0}$ nach Gl. (8) für $q(u)$ gegenüber Gl. (10) eine Erweiterung eintreten lassen müssen. Wir wollen versuchen, ob es gelingt, alle Grenzbedingungen zu befriedigen, indem man gegenüber dem Ansatz von Gl. (10) ein weiteres Glied hinzunimmt, d. h. ansetzt

$$q(u) = (c_0 + c_1 u + c_2 u^2) / (2 \sqrt{a^2 - u^2}) \quad \ldots \ldots \ldots \quad (15)$$

Gemäß Gl. (5) folgt damit für $(\sigma_x)_{y=0}$

$$(\sigma_x)_{y=0} = \begin{cases} -c_1 - c_2 x & \text{für } x^2 < a^2 \\ -c_1 - c_2 x + (x/|x|)(c_0 + c_1 x + c_2 x^2)/\sqrt{x^2 - a^2} & \text{für } x^2 > a^2 \end{cases} \quad \cdot \quad (16)$$

Indem man über die Konstanten folgendermaßen verfügt:

$$c_0 = a\,\sigma_0; \quad c_1 = 0; \quad c_2 = -\sigma_0/a \quad \ldots \ldots \ldots \ldots \quad (17)$$

erhält man

$$(\sigma_x)_{y=0} = \begin{cases} \sigma_0\,(x/a) & \text{für } x^2 < a^2 \\ \sigma_0\,(x/a) - (\sigma_0/a)\,(x/|x|)\sqrt{x^2 - a^2} & \text{für } x^2 > a^2 \end{cases} \quad \ldots \quad (18)$$

d. h. den Verlauf, wie er in Bild 3 dargestellt ist. Die zugehörige Schubverteilung ist in Bild 3 gestrichelt eingetragen. Sie ergibt sich rechnerisch aus Gl. (15) mit den Werten der Konstanten nach Gl. (17) zu

$$q(u) = \sigma_0 \sqrt{a^2 - u^2} / (2\,a) \quad \ldots \ldots \ldots \ldots \quad (19)$$

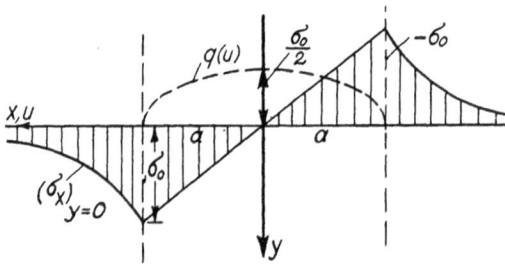

Bild 3

d. h. die Schubverteilung ist die Hertzsche. Damit ist aber auch der Beweis erbracht, daß diese Verteilung in dem hier betrachteten Grenzfall vollkommenen Schlüpfens die richtige ist, da sie aus der Hertzschen Druckverteilung durch Multiplikation mit dem konstanten Reibungswert μ_0 für gleitende Reibung entstehen muß.

Der hier betrachtete Sonderfall ist in meiner Arbeit „Beanspruchung von Schiene und Rad beim Anfahren und Bremsen", erschienen in Forschung auf dem Gebiet des Ingenieurwesens 7. Jahrg. (1936), S. 142 eingehend behandelt worden. Wir entnehmen daraus noch die Größe der hierbei übertragenen Schubkraft zu

$$T = \int_{-a}^{+a} q\,(u)\,du = [\sigma_0/(2\,a)] \int_{-a}^{+a} \sqrt{a^2 - u^2}\,du = [\sigma_0/(2\,a)]\,a^2\,\pi/2 = (\pi/4)\,\sigma_0\,a \quad (19\,\text{a})$$

wobei T und damit σ_0 sowohl positiv wie negativ sein können. Im ersteren Fall entsteht Gleiten infolge zu starken Antriebes des Rades, im letzteren Fall infolge zu starken Bremsens. Wir stellen also fest, daß der Grenzfall vollkommenen Schlüpfens oder Gleitens einwandfrei gelöst ist, während der andere Grenzfall des vollkommenen Haftens beim Rollen nicht möglich ist.

§ 3. Die Schubverteilung zwischen Rad und Schiene im allgemeinen Fall

Nachdem wir uns in § 2 mit den Sonderfällen vollkommenen Haftens und vollkommenen Gleitens beschäftigt haben, wenden wir uns jetzt einem allgemeineren Fall zu. Wir setzen voraus, daß das ganze Berührungsgebiet von der Länge $2\,A = 2\,(a + b)$ in ein vorderes Haftgebiet von der Länge $2\,a$ und ein sich daran anschließendes Gleitgebiet von der Länge $2\,b$ zerfällt. Es wird sich nachträglich herausstellen, ob wir mit dieser Annahme alle Bedingungen der Aufgabe erfüllen können. Wie aus Bild 4 hervorgeht, legen wir drei rechtwinklige Koordinatensysteme zugrunde, deren x- und u-Achsen übereinanderfallen, während die y-Achsen einander parallel und

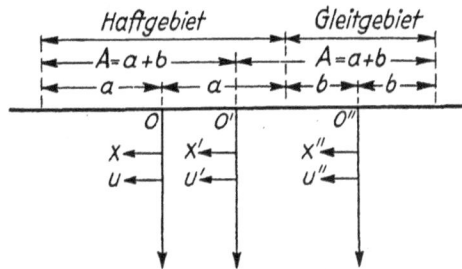

Bild 4

Symmetrieachsen zum Haftgebiet, zum ganzen Berührungsgebiet und zum Gleitgebiet sind, so daß die Beziehungen gelten:

$$x' = x + b; \quad x'' = x + A; \quad u' = u + b; \quad u'' = u + A \quad \ldots \ldots (20)$$

Die Schubbelastung im ganzen Belastungsstreifen denken wir uns in drei Teile zerlegt:

$$q\,(u) = (c_0 + c_1 u + c_2 u^2)/(2\,\sqrt{a^2 - u^2}) \ldots \ldots \ldots (21\,\text{a})$$

$$q'\,(u') = (c_0' + c_1' u' + c_2' u'^2)/(2\,\sqrt{A^2 - u'^2}) \ldots \ldots (21\,\text{b})$$

$$q''\,(u'') = [c_0''/(2\,b^2)]\,\sqrt{b^2 - u''^2} \ldots \ldots \ldots \ldots (21\,\text{c})$$

von denen sich der erste Anteil auf das Haftgebiet, der zweite auf das ganze Berührungsgebiet und der dritte auf das Gleitgebiet bezieht. Die Schubspannungsverteilung für das Gleitgebiet für sich ist nach Gl. (21c) dem Ansatz der Gl. (19) nachgebildet, der sicher richtig ist, wenn nur Gleiten im ganzen Bereich vorliegt. Wenn außer dem Gleitgebiet ein vorderes Haftgebiet vorhanden ist, so wirkt das letztere auf die Schubspannungsverteilung im Gleitgebiet durch Gl. (21b) ein, die sich auf das ganze Berührungsgebiet bezieht. Es muß nunmehr gezeigt werden, daß wir durch geeignete Wahl der sieben Konstanten der Gl. (21) alle Bedingungen der gestellten Aufgabe erfüllen können.

Bezeichnen wir die von dieser Schubbelastung herrührenden Spannungen $(\sigma_x)_{y=0}$ für das Haftgebiet mit σ_1 und für das Gleitgebiet mit σ_2, so folgt aus den Gl. (8), (5) und (5a)

$$\sigma_1 = -c_1 - c_2 x - c_1' - c_2' x' + (c_0''/b^2) x'' - (c_0''/b^2)(x''/|x''|)\sqrt{x''^2 - b^2} \tag{22a}$$

$$\sigma_2 = -c_1 - c_2 x - c_1' - c_2' x' + (c_0''/b^2) x'' + (x/|x|)(c_0 + c_1 x + c_2 x^2)/\sqrt{x^2 - a^2} \tag{22b}$$

Wir wollen uns zunächst darüber Klarheit verschaffen, wie sich die Bedingung des Haftens in dem Ausdruck für σ_1 auswirkt. Außer der hier vorerst allein in Betracht gezogenen Schubbelastungsverteilung tritt im Berührungsgebiet noch eine Druckbelastung hinzu. Diese letztere ruft aber an jeder Stelle der Berührung in Rad und Schiene dieselben Tangentialspannungen $(\sigma_x)_{y=0}$ hervor, wenigstens wenn die Elastizitätsmoduln für Rad und Schiene dieselben sind, wie wir dies vorausgesetzt haben. Da gleiche Spannungen bei gleichen Elastizitätsmoduln auch gleiche Dehnungen bewirken, kann das Haften durch die Druckbelastung in der Berührungslinie nicht gestört werden. Die Spannungen σ_1 nach Gl. (22a) beziehen sich auf die von der Schubbelastung allein herrührenden Randspannungen im Haftgebiet. Da die Schubbelastung im Berührungsgebiet für Rad und Schiene von entgegengesetztem Vorzeichen sind, müssen auch die von ihr herrührenden Randspannungen in Rad und Schiene von entgegengesetztem Vorzeichen sein. Es muß demnach für das ganze Haftgebiet $\sigma_1 = \text{const}$, also unabhängig von x sein. Wir werden diese Bedingung für die in x linearen Glieder von Gl. (22a) unten ausdrücken; dagegen ist sie für das letzte Glied der Gl. (22a) nur beim Verschwinden dieses Gliedes erfüllbar. Wir können es aber nicht von vorneherein weglassen, weil wir sonst mit $c_0'' = 0$, wie später gezeigt wird (siehe Gl. (25c)), die notwendige Grenzbedingung $\lim_{x \to -\infty} \sigma_4 = 0$ nicht allgemein erfüllen könnten. Wir müssen deshalb diesen Anteil von σ_1 beibehalten, dürfen ihn aber nur im Grenzwert gegen Null zulassen oder für solche Werte von b/A, für die $c_0'' = 0$ wird. Die übrigen in σ_1 auftretenden in x linearen Glieder würden gegen die Haftbedingung verstoßen, wenn sie nicht zusammen einen von x unabhängigen Wert $\pm \sigma_0$ ergeben würden, wobei sich das eine von beiden Vorzeichen auf das Rad und das andere auf die Schiene bezieht. Der Wechsel des Vorzeichens von σ_0 bedeutet Änderung der Richtung der Tangentialkraft T, die zwischen Rad und Schiene übertragen wird, wobei für positive Werte von T und σ_0 die Tangentialkraft T im Sinne der Vorwärtsbewegung des Rades gerichtet sein soll und für negative Werte in der entgegengesetzten Richtung.

Aus der Haftbedingung folgen demnach die beiden Gleichungen:

$$c_2 + c_2' - c_0''/b^2 = 0 \quad \ldots \ldots \ldots \ldots \tag{23a}$$

$$-c_1 - c_1' - c_2' b + (c_0''/b^2) A = \sigma_0 \quad \ldots \ldots \tag{23b}$$

Die Gl. (22) gehen damit über in

$$\sigma_1 = \sigma_0 - (c_0''/b^2)(x''/|x''|)\sqrt{x''^2 - b^2} \quad \ldots \ldots \tag{22c}$$

$$\sigma_2 = \sigma_0 + (x/|x|)(c_0 + c_1 x + c_2 x^2)/\sqrt{x^2 - a^2} \quad \ldots \tag{22d}$$

Damit σ_2 nach Gl. (22d) an der Stelle $x = -a$ nicht ∞ wird, muß gelten

$$c_0 - c_1 a + c_2 a^2 = 0 \quad \ldots \ldots \ldots \ldots \tag{23c}$$

Dadurch wird zugleich erreicht, daß an der Übergangsstelle vom Haftgebiet ins Gleitgebiet, also für $x = - a$ oder für $x'' = b$ die Spannung $(\sigma_x)_{y=0}$ stetig übergeht; denn es gilt jetzt

$$(\sigma_1)_{x=-a} = (\sigma_2)_{x=-a} = \sigma_0.$$

Dagegen findet an diesem Übergang ein Sprung im 1. Differentialquotienten von $(\sigma_x)_{y=0}$ statt, was auch zu erwarten war. Wir wollen annehmen, daß im Schlüpfgebiet die Randspannung $(\sigma_x)_{y=0}$ vom Wert $+ \sigma_0$ am vorderen Ende auf den Wert $- \sigma_0$ am hinteren Ende der Berührungslinie übergeht. Diese Annahme trifft sicher für ein unter normalen Verhältnissen angetriebenes oder gebremstes Rad zu, wenn beim Bremsen, wie üblich, die Bremsbacken nicht zu nahe an der Berührungsfläche zwischen Rad und Schiene angebracht sind. Dadurch, daß die Bremsbacken nahe der Berührungslinie wirken, kann man erreichen, daß etwa die aus der Berührungslinie auslaufenden Fasern des Rades eine von $- \sigma_0$ wesentlich verschiedene Spannung annehmen. Auf diesen Sonderfall wird in § 8 näher eingegangen. Hier dagegen dürfen wir unter Zugrundelegung der üblichen Verhältnisse annehmen, daß zwischen den Spannungen der einlaufenden und der auslaufenden Fasern nur ein Unterschied im Vorzeichen und nicht in deren Größe besteht; d. h. gemäß Gl. (22d) gilt:

$$(\sigma_2)_{x=-(A+b)} = \sigma_0 - [c_0 - c_1 (A + b) + c_2 (A + b)^2] / \sqrt{(A + b)^2 - a^2} = - \sigma_0,$$

woraus unter Berücksichtigung von Gl. (23b) und (23c) nach einfacher Umformung folgt

$$- c_1 + 2 A c_2 = 2 \sigma_0 \sqrt{A / b} \quad \ldots \ldots \ldots \quad (23\,d)$$

Zu den vier Bedingungsgleichungen (23a) bis (23d), die sich auf die Verhältnisse innerhalb der Berührungsfläche beziehen, treten noch weitere Gleichungen zwischen den sieben Konstanten des Ansatzes der Gl. (21), die sich auf die Randspannungen $(\sigma_x)_{y=0}$ vor der Berührungslinie und dahinter beziehen. Bezeichnen wir die ersteren mit σ_3 und die letzteren mit σ_4, so gilt:

$$\sigma_3 = \sigma_0 + \frac{c_0 + c_1 x + c_2 x^2}{\sqrt{x^2 - a^2}} + \frac{c_0' + c_1' x' + c_2' x'^2}{\sqrt{x'^2 - A^2}} - \frac{c_0}{b^2} \sqrt{x''^2 - b^2} \quad . \; . \; (24\,a)$$

$$\sigma_4 = \sigma_0 - \frac{c_0 + c_1 x + c_2 x^2}{\sqrt{x^2 - a^2}} - \frac{c_0' + c_1' x' + c_2' x'^2}{\sqrt{x'^2 - A^2}} + \frac{c_0''}{b^2} \sqrt{x''^2 - b^2} \quad . \; . \; (24\,b)$$

Was zunächst σ_4 betrifft, für das $x \leq - (A + b)$ ist, so darf diese Spannung an der Stelle $x = - (A + b)$ nicht unendlich werden. Diese Forderung liefert die Bedingung

$$c_0' - c_1' A + c_2' A^2 = 0 \quad \ldots \ldots \ldots \ldots \quad (25\,a)$$

Unter Berücksichtigung der Gl. (23c) und (23d) wird alsdann

$$(\sigma_4)_{x=-(A+b)} = - \sigma_0,$$

wie es der stetige Übergang der Spannungen $(\sigma_x)_{y=0}$ beim Verlassen des ganzen Berührungsgebietes verlangt.

Entsprechend muß σ_3, für das $x \geq a$ ist, nach Gl. (24a) für $x = + a$ in den Wert von σ_1 gemäß Gl. (22c) übergehen. Diese Stetigkeitsforderung verlangt, daß

$$\lim_{x \to a} \left[\frac{c_0 + c_1 x + c_2 x^2}{\sqrt{x^2 - a^2}} + \frac{c_0' + c_1' (x + b) + c_2' (x + b)^2}{\sqrt{(x + b)^2 - A^2}} \right] = 0,$$

wofür man auch wegen $\sqrt{x^2 - a^2} = \sqrt{(x - a)(x + a)}$

und
$$\sqrt{(x+b)^2 - (a+b)^2} = \sqrt{(x+A+b)(x-a)}$$
schreiben kann:
$$\lim_{x \to a} \frac{(1/\sqrt{a})(c_0 + c_1 a + c_2 a^2) + (1/\sqrt{A})(c_0' + c_1' A + c_2' A^2)}{\sqrt{x-a}} = 0,$$

d. h. der Zähler des Bruches muß verschwinden, wofür man unter Berücksichtigung der Gl. (23c) und (25a) auch schreiben kann

$$c_1 \sqrt{a} + c_1' \sqrt{A} = 0 \quad \dots \dots \dots \quad (25\,\text{b})$$

Damit sind alle Bedingungen der Aufgabe im Endlichen erfüllt. Was die Verhältnisse im Unendlichen betrifft, so müssen σ_3 für $x = +\infty$ und σ_4 für $x = -\infty$ verschwinden. Aus Gl. (24a) folgt

$$\lim_{x \to \infty} \sigma_3 = \sigma_0 + c_1 + c_1' + c_2 x + c_2' x' - (c_0''/b^2) x''$$

und hieraus wegen Gl. (23a) und (23b)

$$\lim_{x \to \infty} \sigma_3 = 0.$$

Ferner folgt aus Gl. (24b) unter Verwendung der Gl. (23a) und (23b)

$$\lim_{x \to -\infty} \sigma_4 = [\sigma_0 + c_1 + c_1' - c_2 x - c_2' x' + (c_0''/b^2) x'']_{x \to -\infty}$$
$$= \sigma_0 + c_1 + c_1' - c_2' b + (c_0''/b^2) A = -2 c_2' b + 2 (c_0''/b^2) A.$$

Die Forderung

$$\lim_{x \to -\infty} \sigma_4 = 0$$

verlangt demnach als letzte Bedingung für die Konstanten:

$$c_0''/b^2 = c_2' b/A \quad \dots \dots \dots \dots \quad (25\,\text{c})$$

Damit sind aber alle Bedingungen der Aufgabe im Endlichen und im Unendlichen restlos erfüllt. Die sieben Gleichungen (23a) bis (23d) und (25a) bis (25c) genügen, um die sieben Konstanten eindeutig zu bestimmen.
Mit Hilfe der Bezeichnungen $b/A = \alpha$, $a/A = 1 - \alpha$ und der Abkürzungen $n = 1 - \sqrt{1-\alpha}$ erhält man nach einfacher Ausrechnung die folgenden Werte für die Konstanten:

$$\left.\begin{aligned}
c_0 &= -(\sigma_0 A/2)(1-\alpha)([(1+\alpha)/n] + 2(1-\alpha)/\sqrt{\alpha}) \\
c_0' &= (\sigma_0 A/2)[(2/[\sqrt{\alpha}(1-\alpha)]) + (2\sqrt{1-\alpha}/n) - 1/[n(1-\alpha)]] \\
c_0'' &= -(\sigma_0 A/2)[\alpha^3/(1-\alpha)][(2/\sqrt{\alpha}) - 1/n] \\
c_1 &= -\sigma_0/n \\
c_1' &= \sigma_0 \sqrt{1-\alpha}/n \\
c_2 &= [\sigma_0/(2A)][(2/\sqrt{\alpha}) - 1/n] \\
c_2' &= -(\sigma_0/[2A(1-\alpha)])[(2/\sqrt{\alpha}) - 1/n]
\end{aligned}\right\} \quad \dots (26)$$

Die Schubspannungsverteilung für die Berührungslinie ist durch die Gl. (21) bestimmt. Um die zugehörige resultierende Schubkraft T zu erhalten, bilden wir

$$t = \int_{u=-a}^{+a} q(u)\,du \quad (27\,\text{a}) \quad \Big| \quad t' = \int_{u'=-A}^{A} q'(u')\,du' \quad (27\,\text{b}) \quad \Big| \quad t'' = \int_{u''=-b}^{b} q''(u'')\,du'' \quad (27\,\text{c})$$

$$T = t + t' + t'' \quad \dots \dots \dots \dots \quad (28)$$

Durch Einsetzen der Werte für $q(u)$, $q'(u')$ und $q''(u'')$ gemäß Gl. (21a) bis (21c) und unter Beachtung der folgenden Integrale

$$\int_{u=-a}^{+a} \frac{d u}{\sqrt{a^2 - u^2}} = \pi; \qquad \int_{u=-a}^{+a} \frac{u\, d u}{\sqrt{a^2 - u^2}} = 0; \qquad \int_{u=-a}^{+a} \frac{u^2\, d u}{\sqrt{a^2 - u^2}} = \frac{a^2}{2}\,\pi;$$

$$\int_{u'=-A}^{+A} \frac{d u'}{\sqrt{A^2 - u'^2}} = \pi; \qquad \int_{u'=-A}^{+A} \frac{u'\, d u'}{\sqrt{A^2 - u'^2}} = 0; \qquad \int_{u=-A}^{+A} \frac{u'^2\, d u'}{\sqrt{A^2 - u'^2}} = \frac{A^2}{2}\,\pi;$$

$$\int_{u''=-b}^{+b} \frac{d u''}{\sqrt{b^2 - u''^2}} = \pi; \qquad \int_{u''=-b}^{+b} \frac{u''\, d u''}{\sqrt{b^2 - u''^2}} = 0; \qquad \int_{u''=-b}^{+b} \frac{u''^2\, d u''}{\sqrt{b^2 - u''^2}} = \frac{b^2}{2}\,\pi$$

erhält man

$$t = (\pi/2)\,[c_0 + (a^2/2)\,c_2] \quad\dots\dots\dots\dots \quad (29\,\text{a})$$

$$t' = (\pi/2)\,[c_0' + (A^2/2)\,c_2'] \quad\dots\dots\dots\dots \quad (29\,\text{b})$$

$$t'' = (\pi/4)\,c_0'' \quad\dots\dots\dots\dots\dots \quad (29\,\text{c})$$

und damit

$$T = (\pi/2)\,[c_0 + c_0' + (c_0''/2) + c_2\,(a^2/2) + c_2'\,(A^2/2)] \quad\dots \quad (30)$$

und nach Einsetzen der Konstanten gemäß Gl. (26)

$$T = (\pi/4)\,\sigma_0\,A\,\{3\,\sqrt{\alpha} + \alpha/(2\,n) - 2\} \quad\dots\dots \quad (30\,\text{a})$$

Was die Verteilung der Schubbeanspruchung in der Berührungslinie betrifft, deren Resultierende T ist, so wollen wir zwischen der Schubverteilung $q(u)$ im Haftgebiet $(u^2 \leqq a^2)$ und der Schubverteilung $q'(u)$ im Schlüpfgebiet $(-a > u \geqq -A - b)$ unterscheiden. Den ersteren Anteil erhält man durch Zusammensetzung der durch Gl. (21a) und (21b) gegebenen Anteile zu

$$q(u) = \frac{c_0 + c_1\,u + c_2\,u^2}{2\sqrt{a^2 - u^2}} + \frac{c_0' + c_1'\,(u + b) + c_2'\,(u + b)^2}{2\sqrt{A^2 - (u + b)^2}} \quad\dots \quad (31)$$

wobei zu beachten ist, daß hierin u an die Bedingung

$$u^2 \leqq a^2$$

gebunden ist.

Wie aus den im Anschluß an Gl. (24) angestellten Überlegungen hervorgeht, wird

$$[q(u)]_{u=a} = 0 \quad\dots\dots\dots\dots\dots \quad (32)$$

d. h. die Belastungsstärke $q(u)$ hat beim Beginn der Berührungslinie den Wert null, wie dies auch physikalisch bedingt ist. Am Ende des Haftgebietes also für $u = -a$, wird die zugehörige Belastungsstärke unter Berücksichtigung der Gl. (23c)

$$[q(u)]_{u=-a} = [c_0' - c_1'\,(a - b) + c_2\,(a - b)^2]\,/\,[2\,\sqrt{A^2 - (a - b)^2}]$$

oder nach Einsetzen der Werte nach Gl. (26) nach einfachen Umformungen

$$[q(u)]_{u=-a} = (\sigma_0/2)\,(2 - \sqrt{\alpha})\,/\,\sqrt{1 - \alpha} \quad\dots\dots\dots \quad (33)$$

Im Schlüpfgebiet, also für $-a \geqq u \geqq -a - 2\,b$ ist die Belastungsstärke durch

$$q'(u) = \frac{c_0' + c_1'\,(u + b) + c_2'\,(u + b)^2}{2\sqrt{A^2 - (u + b)^2}} + \frac{c_0''}{2\,b^2}\,\sqrt{b^2 - (u + A)^2} \quad\dots \quad (34)$$

gegeben.

Wie aus Gl. (25a) hervorgeht, verschwindet $q'(u)$ am Ende der ganzen Berührungslinie, wie es auch notwendigerweise eintreten muß:

$$[q'(u)]_{u=-A-b} = 0.$$

Da wegen der Gl. (25b) und (25c)

$$[q(u)]_{u=-a} = [q'(u)]_{u=-a},$$

so geht die Belastungsstärke, wie zu erwarten, vom Haftgebiet ins Schlüpfgebiet
stetig über.

Um die vorliegenden allgemein gültigen Formeln zu diskutieren, gehen wir von
Gl. (30a) aus, die den Wert der in der Berührungslinie von der Größe $2A$ übertragenen tangentialen Kraft T als Funktion von $\alpha = b/A$, d. h. vom Verhältnis des
Schlüpfgebietes zur gesamten Berührungslinie angibt. Es ist bemerkenswert, daß
T im Bereich $1 \geq \alpha \geq 0$, dem unsere Überlegungen gelten, sein Vorzeichen
wechselt. Während die Klammer von Gl. (30a) für $\alpha = 1$ den Wert $3/2$ an-
nimmt, wird sie für $\lim \alpha = 0$ wegen $\lim\limits_{\alpha \to 0}(1 - \sqrt{1-\alpha}) = \alpha/2$ negativ, und zwar
gleich -1. Für $\alpha = 0{,}118$ wird der Klammerausdruck und damit T zu null.

Zunächst ist zu beachten, daß in den vorläufigen Berechnungen noch eine Un-
bestimmtheit geblieben ist, da bei gegebenen Werten von T und N nur die eine
Gleichung (30a) zwischen σ_0 und α besteht. Zur Beseitigung dieser Unbestimmt-
heit ist es noch nötig, auf die Druckverteilung in der Berührungslinie einzugehen,
was im nächsten § geschehen soll.

§ 4. Die Druckverteilung zwischen Rad und Schiene
im allgemeinen Fall

Beim ruhenden Rad verteilt sich der Normaldruck N über die Länge der Berührungslinie mit der Schiene nach H. Hertz bekanntlich halbelliptisch bzw. bei
geeignetem Maßstab der Druckspannung halbkreisförmig. Beim rollenden Rad,
wobei eine mehr oder weniger große Tangentialkraft T übertragen wird, ist zu
erwarten, daß sich die Druckverteilung ändert und von dem Verhältnis der
Größen des Haftgebietes und Schlüpfgebietes abhängt. Wie wir in § 2 gesehen
haben, führt der Sonderfall des vollkommenen Schlüpfens auf eine halbelliptische
Schubverteilung über die ganze Berührungslinie, aus der durch Division mit dem
Reibungsbeiwert μ_0 für gleitende Reibung, die ja beim Schlüpfen eintritt, die
Normaldruckverteilung auch als halbelliptische, d. h. als Hertzsche hervorgeht.
Es fragt sich nun, welche Druckverteilung im allgemeinen Fall des Rollens herrscht
bei beliebigem Wert α. Jedenfalls muß im Schlüpfgebiet die Normaldruckverteilung durch Multipliktion mit μ_0 auf die Schubverteilung führen. Daraus folgt
schon, daß für die Druckverteilung ähnliche Überlegungen am Platze sind, wie
sie erfolgreich im vorigen § für die Schubverteilung angestellt worden sind.
Wir legen wieder die Koordinaten des Bildes 4 zugrunde und spalten die
Normaldruckverteilung ähnlich in drei Teile $p(u)$, $p'(u')$ und $p''(u'')$ wie
die Schubverteilung nach Gl. (21):

$$p(u) = \frac{C_0 + C_1 u + C_2 u^2}{2\sqrt{a^2 - u^2}} \qquad \text{für } u^2 \leq a^2 \quad \ldots \ldots \quad (35\,a)$$

$$p'(u') = \frac{C_0' + C_1' u' + C_2' u'^2}{2\sqrt{A^2 - u'^2}} \quad \text{für } u'^2 \leq A^2 \quad \ldots \ldots, \quad (35\,b)$$

$$p''(u'') = [C_0''/(2\,b^2)]\sqrt{b^2 - u''^2} \quad \text{für } u''^2 \leq b^2 \quad \ldots \ldots \quad (35\,c)$$

Die hierin auftretenden sieben Konstanten C_0 bis C_0'' sind den Randbedingungen anzupassen.

Ähnlich den Gl. (31) und (34), die die Schubverteilung im Haftgebiet bzw. im Schlüpfgebiet wiedergeben, unterscheiden wir hier die fürs Haftgebiet gültige Druckverteilung

$$\mathfrak{p}(u) = \frac{C_0 + C_1 u + C_2 u^2}{2\sqrt{a^2 - u^2}} + \frac{C_0' + C_1'(u+b) + C_2'(u+b)^2}{2\sqrt{A^2 - (u+b)^2}} \quad \text{für } u^2 \leq a^2 \quad (36\,\mathrm{a})$$

und die fürs Gleit- oder Schlüpfgebiet gültige Druckverteilung

$$\mathfrak{p}'(u) = \frac{C_0' + C_1'(u+b) + C_2'(u+b)^2}{2\sqrt{A^2 - (u+b)^2}} + \frac{C_0''}{2\,b^2}\sqrt{b^2 - (u+A)^2}$$

$$\text{für } -(b+A) \leq u \leq -a \quad (36\,\mathrm{b})$$

Da im Gleitgebiet die Normaldruckverteilung $\mathfrak{p}'(u)$ durch Multiplikation mit μ_0 in die Schubverteilung $q'(u)$ nach Gl. (34) übergehen muß, so ist

$$C_0' = c_0'/\mu_0; \quad C_1' = c_1'/\mu_0; \quad C_2' = c_2'/\mu_0; \quad C_0'' = c_0''/\mu_0 \quad \ldots \quad (37)$$

Damit die Normaldruckverteilung an der Übergangsstelle vom Haft- ins Gleitgebiet keinen Sprung erleidet, muß $(\mathfrak{p}(u))_{u=-a} = (\mathfrak{p}'(u))_{u=-a}$ sein. Hieraus folgt

$$C_0 - C_1 a + C_2 a^2 = 0 \quad \ldots \ldots \ldots \ldots \quad (38)$$

die Gl. (23 c) entspricht.

Damit $(\mathfrak{p}(u))_{u=a} = 0$ wird, folgt aus Gl. (36 a) durch denselben Grenzübergang, der zu Gl. (25 b) geführt hat,

$$C_1\sqrt{a} + C_1'\sqrt{A} = 0 \quad \ldots \ldots \ldots \ldots \quad (39)$$

und damit

$$C_1 = -C_1'\sqrt{A/a} = -(c_1'/\mu_0)\,(1/\sqrt{1-\alpha}) \quad \ldots \ldots \quad (40)$$

Da $(\mathfrak{p}'(u))_{u=-(b+A)} = 0$, so geht der Druck am Ende der Berührungslinie auf null zurück.

Zwischen den sieben Konstanten des Ansatzes Gl. (35) bestehen die sechs Gl. (37), (38) und (40). Die noch fehlende Bestimmungsgleichung wird aus der Bedingung gewonnen, daß die Resultierende der Druckverteilung gleich dem gegebenen Normaldruck N sein muß. Mit

$$n_1 = \int\limits_{-a}^{+a} p(u)\,du; \qquad n_2 = \int\limits_{-A}^{+A} p'(u')\,du'; \qquad n_3 = \int\limits_{-b}^{+b} p''(u'')\,du'';$$

wird nach Einsetzen der Werte von p, p' und p'' nach entsprechender Ausrechnung

$$N = n_1 + n_2 + n_3 = (\pi/2)\,[C_0 + C_0' + (1/2)\,C_0'' + C_2(a^2/2) + C_2'(A^2/2)] \quad (42)$$

Hieraus folgt unter Berücksichtigung der Gl. (37), (38) und (40)

$$(4/\pi)\,N = C_0 + (\sigma_0 A/\mu_0)\,((1 + \alpha + \alpha^2)/\sqrt{\alpha} - (\alpha^2 - 1 - \alpha)/(2\,n) - 2) \quad (43)$$

Diese Gleichung dient zur Berechnung von C_0:

$$C_0 = (4/\pi)\,N - (\sigma_0 A/\mu_0)\,((1 + \alpha + \alpha^2)/\sqrt{\alpha} + (1 + \alpha - \alpha^2)/(2\,n)) \quad \ldots \ldots \quad (43\,\mathrm{a})$$

Ersetzt man hierin $\sigma_0 A$ durch T nach Gl. (30a), so erhält man

$$C_0 = \frac{4}{\pi}\,N - \frac{4}{\pi}\,\frac{T}{\mu_0}\,\frac{(1 + \alpha + \alpha^2)/\sqrt{\alpha} + (1 + \alpha - \alpha^2)/(2\,n) - 2}{3\sqrt{\alpha} - 2 + \alpha/(2\,n)} \quad \ldots \ldots \quad (44)$$

2*

Aus den Gl. (37) bis (44) lassen sich die sieben Konstanten ·folgendermaßen berechnen:

$$
\left.
\begin{aligned}
C_0 &= \frac{4}{\pi} N - \frac{4}{\pi} \frac{T}{\mu_0} \frac{(1+\alpha+\alpha^2)/\sqrt{\alpha} + (1+\alpha-\alpha^2)/(2\,n) - 2}{3\sqrt{\alpha} - 2 + \alpha/(2\,n)} \\
C_0' &= \frac{c_0'}{\mu_0} = \frac{\sigma_0 A}{2\,\mu_0} \left[\frac{2}{\sqrt{\alpha}\,(1-\alpha)} + \frac{2\sqrt{1-\alpha}}{n} - \frac{1}{n\,(1-\alpha)} \right] \\
C_0'' &= c_0''/\mu_0 = -[\sigma_0 A/(2\,\mu_0)][\alpha^3/(1-\alpha)][(2/\sqrt{\alpha}) - (1/n)] \\
C_1 &= -c_1'/(\mu_0\sqrt{1-\alpha}) = -\sigma_0/(\mu_0 n) \\
C_1' &= c_1'/\mu_0 = \sigma_0\sqrt{1-\alpha}/(\mu_0 n) \\
C_2 &= (C_1/a) - (C_0/a^2) \\
C_2' &= c_2'/\mu_0 = -(\sigma_0/[2\,A\,\mu_0\,(1-\alpha)])\,[(2/\sqrt{\alpha}) - (1/n)]
\end{aligned}
\right\} \quad \cdot \; \cdot \; (45)
$$

Wir wollen nunmehr das Moment der Normaldruckverteilung in bezug auf den Mittelpunkt $0'$ der Berührungslinie als Momentenpunkt berechnen. Zuerst berechnen wir die Resultierende n_1 der nach Gl. (35a) im Haftgebiet übertragenen Druckverteilung sowie das von dieser Belastung herrührende Moment m_1 in bezug auf den Mittelpunkt 0 des Haftgebietes als Momentenpunkt:

$$
n_1 = \int_{u=-a}^{+a} p\,(u)\,d\,u = \frac{1}{2} \int_{u=-a}^{+a} \frac{C_0 + C_1 u + C_2 u^2}{\sqrt{a^2 - u^2}}\,d\,u = \frac{\pi}{2}\left(C_0 + C_2\,\frac{a^2}{2}\right) \quad (46\,a)
$$

$$
m_1 = \int_{u=-a}^{+a} p\,(u)\,u\,d\,u = \frac{1}{2} \int_{u=-a}^{+a} \frac{C_0 + C_1 u + C_2 u^2}{\sqrt{a^2 - u^2}}\,u\,d\,u = \frac{\pi}{4}\,a^2\,C_1 \quad \cdot \; \cdot \; \cdot \; (46\,b)
$$

Ebenso berechnen wir die von den Druckverteilungen $p'\,(u')$ und $p''\,(u'')$ nach Gl. (35b) und (35c) übertragenen Resultierenden n_2 und n_3 sowie die entsprechenden Momente m_2 und m_3, bezogen auf die Mittelpunkte $0'$ bzw. $0''$ der ganzen Berührungslinie bzw. des Gleitgebietes:

$$
n_2 = \int_{u'=-A}^{+A} p'\,(u')\,d\,u' = \frac{1}{2} \int_{u'=-A}^{+A} \frac{C_0' + C_1' u' + C_2' u'^2}{\sqrt{A^2 - u'^2}}\,d\,u' = \frac{\pi}{2}\left(C_0' + \frac{A}{2}\,C_2'\right) \quad (47\,a)
$$

$$
m_2 = \int_{u'=-A}^{+A} p'\,(u')\,u'\,d\,u' = \frac{1}{2} \int_{u'=-A}^{+A} \frac{C_0' + C_1' u' + C_2' u'^2}{\sqrt{A^2 - u'^2}}\,u'\,d\,u' = \frac{\pi}{4}\,A^2\,C_1' \quad \cdot \; \cdot \; (47\,b)
$$

$$
n_3 = \int_{u''=-b}^{+b} p''\,(u'')\,d\,u'' = \frac{C_0''}{2\,b^2} \int_{u''=-b}^{+b} \sqrt{b^2 - u''^2}\,d\,u'' = \frac{\pi}{4}\,C_0'' \quad \cdot \; \cdot \; \cdot \; \cdot \; \cdot \; \cdot \; \cdot \; (48\,a)
$$

$$
m_3 = \int_{u''=-b}^{+b} p''\,(u'')\,u''\,d\,u'' = \frac{C_0''}{2\,b^2} \int_{u''=-b}^{+b} \sqrt{b^2 - u''^2}\,u''\,d\,u'' = 0 \quad \cdot \; \cdot \; \cdot \; \cdot \; \cdot \; \cdot \; \cdot \; (48\,b)
$$

Die gesamte Druckkraft $N = n_1 + n_2 + n_3$ ist schon in Gl. (43) berechnet worden. Das resultierende Moment, auf den Mittelpunkt $0'$ der Berührungslinie bezogen, ist

$$
M = m_1 + m_2 + n_1 b - n_3 a = \pi/4\,[a\,C_1 + A^2\,C_1' + 2b\,C_0 + b\,a^2\,C_2 - a\,C_0''] \quad (49)
$$

woraus nach Einsetzen der Werte der Konstanten nach Gl. (45) folgt

$$M = (\pi/4)\, A\, \alpha\, C_0 + (\pi/4)\, (\sigma_0\, A^2/\mu_0)\, (\sqrt{1-\alpha} + (\alpha^3/2)\, [(2/\sqrt{\alpha}) - (1/n)]) \quad (49\,\text{a})$$

und, indem man auch noch den Wert von C_0 nach Gl. (45) einsetzt:

$$M = A\, \alpha\, N + A\, \frac{T}{\mu_0}\, \frac{\sqrt{1-\alpha} + 2\,\alpha - (1+\alpha)\,[\sqrt{\alpha} + (\alpha/(2\,n))]}{3\,\sqrt{\alpha} + (\alpha/(2\,n)) - 2} \quad . \ . \ (50)$$

oder auch

$$M = A\, \alpha\, N + (\pi/4)\, (\sigma_0\, A^2/\mu_0)\, [\sqrt{1-\alpha} + 2\,\alpha - (1+\alpha)\, (\sqrt{\alpha} + [\alpha/(2\,n)])] \quad (50\,\text{a})$$

Da sowohl die Normalkraft N wie die Tangentialkraft T wie auch das Moment M als gegeben anzusehen sind, stellt Gl. (50) die Bestimmungsgleichung für α dar. Damit ist die gestellte Aufgabe als streng gelöst anzusehen. Die folgenden §§ sind den Folgerungen aus dieser Lösung gewidmet.

§ 5. Diskussion der allgemeinen Lösung

Gl. (50) kann man als die Hauptgleichung unserer Theorie bezeichnen. Zur besseren Übersicht wollen wir diese Gleichung dimensionslos schreiben und dann graphisch darstellen. Als erste dimensionslose Größe führen wir

$$z = M/(NA) \ . \ . \ . \ . \ . \ . \ . \ . \ . \ . \ . \ . \ (51)$$

ein. Da die resultierende Normalkraft N innerhalb der Berührungslinie übertragen werden muß und nur Druck, aber nirgends Zug in der Berührungslinie auftreten kann, ist z an die Umgleichung

$$1 > z > -1 \ . \ . \ . \ . \ . \ . \ . \ . \ . \ . \ . \ . \ (52)$$

gebunden. Positive Werte von z und damit positive Werte von M entsprechen der Bedingung, daß die resultierende Normalkraft N vor der Mitte der Berührungslinie gelegen ist, während N bei negativen Werten von z bzw. von M dahinter liegt. Als weitere dimensionslose Größe führen wir den Beiwert der Haftreibung

$$\mu = T/N \ . \ . \ . \ . \ . \ . \ . \ . \ . \ . \ . \ . \ (53)$$

ein, so daß μ/μ_0 das Verhältnis der Haftreibung zur gleitenden Reibung bedeutet. Damit läßt sich Gl. (50) umschreiben in

$$z = \alpha + \frac{\mu}{\mu_0}\, \frac{\sqrt{1-\alpha} + 2\,\alpha - (1-\alpha)\, (\sqrt{\alpha} + \alpha/(2\,n))}{3\,\sqrt{\alpha} + \alpha/(2\,n) - 2} \ . \ . \ . \ . \ (54)$$

oder nach μ/μ_0 aufgelöst

$$\frac{\mu}{\mu_0} = (z - \alpha)\, \frac{3\,\sqrt{\alpha} + \alpha/(2\,n) - 2}{\sqrt{1-\alpha} + 2\,\alpha - (1+\alpha)\, (\sqrt{\alpha} + \alpha/(2\,n))} \ . \ . \ . \ . \ (55)$$

In Bild 5 ist Gl. (54) graphisch dargestellt. Dabei ist α als Abszisse und μ/μ_0 als Ordinate verwendet, während z als Parameter dient. Für verschiedene Werte des Parameters zwischen $+1$ und -1 sind die sich aus Gl. (54) ergebenden Kurven in Bild 5 eingezeichnet worden. Besonders bemerkenswert ist der Punkt $\alpha_0 = 0{,}118$ auf der Abszissenachse, für den der Zähler in Gl. (55) null wird, d. h.

$$3\,\sqrt{\alpha_0} + \alpha_0/[2\,(1 - \sqrt{1-\alpha_0})] - 2 = 0 \ . \ . \ . \ . \ . \ . \ (56)$$

ist. Da für $\alpha = \alpha_0$ nach Gl. (55) μ/μ_0 unabhängig vom Parameter z verschwindet, so müssen alle Kurven hindurchgehen. Unter diesen Kurven ist die dem Wert $z = \alpha_0 = 0{,}118$ entsprechende dadurch ausgezeichnet, daß für sie α_0 eine Doppelwurzel ist, da gemäß Gl. (55) nicht nur der Zähler im Bruch, sondern auch der Faktor $z - \alpha_0$ zu null wird. Dies bedeutet aber, daß die dem Parameter $z = \alpha_0$ zugeordnete Kurve die Abszissenachse im Punkt α_0 berührt. Wir werden uns mit dieser Parameterkurve später noch näher zu beschäftigen haben.

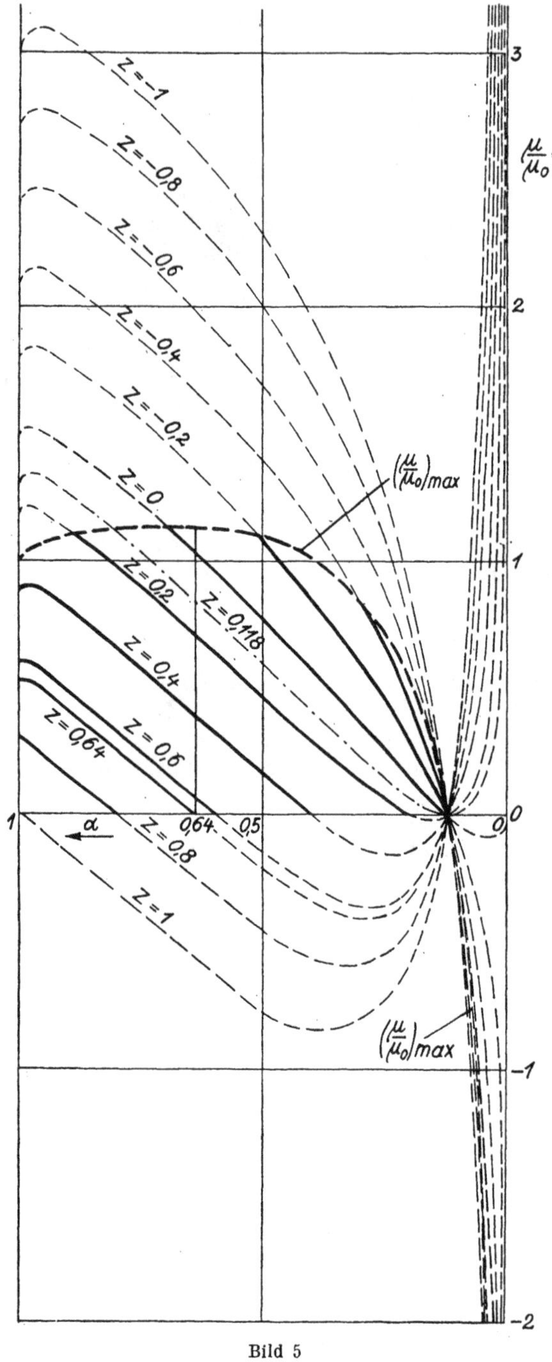

$$\frac{\mu}{\mu_0} = \frac{T}{N}\frac{1}{\mu_0}$$

Zunächst ist zu beachten, daß sowohl im Haftgebiet wie im Schlüpfgebiet zwischen Rad und Schiene nirgends Zug, sondern überall nur Druck übertragen werden kann. Um dies zu untersuchen, ist für verschiedene Werte von α und μ/μ_0 die Druckverteilung $\mathfrak{p}(u)$ im Haftgebiet und $\mathfrak{p}'(u)$ im Gleitgebiet mit Hilfe der Gl. (36a) und (36b) bestimmt worden.

Dabei zeigt es sich, daß zunächst für Werte von $\alpha > \alpha_0$ bei konstant gehaltenem α und wachsenden Werten von μ/μ_0 ein Größtwert von μ/μ_0 existiert, den wir mit $(\mu/\mu_0)_{max}$ bezeichnen wollen, für den die Druckverteilung $\mathfrak{p}(u)$ im vordersten Punkt der Berührungslinie für $u = a$ mit einer horizontalen Tangente einsetzt, während für alle kleineren Werte des Verhältnisses μ/μ_0 die Tangenten an die Druckverteilungskurve $\mathfrak{p}(u)$ im vordersten Punkt vertikal gerichtet ist. Bei Überschreiten dieses Grenzwertes $(\mu/\mu_0)_{max}$ würden in einem vorderen Teil der Berührungslinie Zugspannungen übertragen werden müssen, damit alle Bedingungen der Aufgabe erfüllt werden können. Da dies nicht möglich ist, scheiden diese Gebiete für die praktische Anwendung aus. Die in Bild 5 wiedergegebene Grenzkurve, die $(\mu/\mu_0)_{max}$ als Funktion von α darstellt, wurde aus der

Bild 5

Bedingung abgeleitet, daß neben $\mathfrak{p}(u)$ auch $d\mathfrak{p}(u)/du$ für $u = a$ verschwindet.

Es sei hier der Gang der Rechnung zur Bestimmung der Grenzkurve für $(\mu/\mu_0)_{max}$ angedeutet. Ersetzt man im Ausdruck für $\mathfrak{p}(u)$ nach Gl. (36a) die Konstanten C_2, C_0' und C_1' durch ihre Werte gemäß Gl. (45), so erhält man nach einfachen Umformungen

$$\mathfrak{p}(u) = \frac{C_0}{2a^2}\sqrt{a^2-u^2} + \frac{C_1}{2}\frac{(u/a)\sqrt{a+u}-\sqrt{(a/A)(A+b+u)}}{\sqrt{a-u}} - \frac{C_2'}{2}\sqrt{(a-u)(A+b+u)}$$
$$\dots\dots (57)$$

Daraus folgt durch Differentiation nach u

$$\frac{d\mathfrak{p}(u)}{du} = \frac{1}{\sqrt{a-u}}\left\{-\frac{C_0}{2a^2}\frac{u}{\sqrt{a+u}} + \right.$$
$$\left. + \frac{C_1}{2}\left[\frac{u}{2a\sqrt{a+u}} + \frac{\sqrt{a+u}}{a} - \frac{\sqrt{a/A}}{2\sqrt{A+b+u}} + \Phi\right] + \frac{C_2'}{2}\frac{b+u}{\sqrt{A+b+u}}\right\} (58a)$$

mit der Abkürzung für

$$\Phi = [(u/a)\sqrt{a+u} - \sqrt{(a/A)(A+b+u)}]/[2(a-u)] \dots (58b)$$

Es ist nun der Grenzübergang $\lim\limits_{u\to a} d\mathfrak{p}/du$ auszuführen. Dabei ist zu beachten, daß Φ für $u = a$ den unbestimmten Wert $0/0$ annimmt. Um den richtigen Wert des Grenzüberganges zu erhalten, muß man Zähler und Nenner im Ausdruck für Φ nach u differentieren und erhält so

$$\lim\limits_{u\to a}\Phi = -\frac{1}{2}\left[\frac{u}{2a\sqrt{a+u}} + \frac{\sqrt{a+u}}{a} - \frac{\sqrt{a/A}}{2\sqrt{A+b+u}}\right]_{u=a}$$

Gl. (58a) lautet dann

$$\left(\frac{d\mathfrak{p}}{du}\right)_{u=a} = \left|\frac{1}{\sqrt{a-u}}\left\{-\frac{C_0}{2a^2}\frac{u}{\sqrt{a+u}} + \right.\right.$$
$$\left.\left. + \frac{C_1}{4}\left[\frac{u}{2a\sqrt{a+u}} + \frac{\sqrt{a+u}}{a} - \frac{\sqrt{a/A}}{2\sqrt{A+b+u}}\right] + \frac{C_2'}{2}\frac{b+u}{\sqrt{A+b+u}}\right\}\right|_{u=a} (59)$$

Damit $(d\mathfrak{p}/du)_{u=a} = 0$ wird, muß der Ausdruck in der geschweiften Klammer für $u = a$ verschwinden; d. h. es muß gelten

$$-[C_0/(2a\sqrt{2a})] + (C_1/4)[5-(a/A)]/(2\sqrt{2a}) + [(C_2'/4)/\sqrt{2A}] = 0$$

oder, indem man $a/A = 1-\alpha$ einführt, nach einfacher Umformung

$$C_0 = (C_1/4)A(4-3\alpha-\alpha^2) + C_2'A^2(1-\alpha)\sqrt{1-\alpha} \dots\dots (60)$$

Setzt man in diese Gleichung die Werte von C_0, C_1 und C_2' nach Gl. (45) ein, so erhält man unter Berücksichtigung der Gl. (30a) und Gl. (53) schließlich

$$\left(\frac{\mu}{\mu_0}\right)_{max} = \frac{(3\sqrt{\alpha}-2)n+(\alpha/2)}{\dfrac{2n+\alpha^2 n-\alpha\sqrt{1-\alpha}}{\sqrt{\alpha}} - \dfrac{5}{2}n+\alpha\dfrac{5-\alpha}{4}} \dots\dots (61)$$

Die Kurve ist in Bild 5 gestrichelt eingezeichnet worden. Da für $\alpha > \alpha_0 = 0{,}118$ die Tangentialkraft T und damit auch μ/μ_0 nach Gl. (30a) positiv ist, während für $\alpha < \alpha_0$ sowohl T wie μ/μ_0 negative Werte annehmen, so ist zu beachten, daß $\mu/\mu_0 > 0$ für $\alpha > \alpha_0$ und $\mu/\mu_0 < 0$ für $\alpha < \alpha_0$ sein muß, solange σ_0 positiv bleibt.

Als Ergebnis ist demnach in Bild 5 das überall zu Druck in der Berührungslinie gehörende Gebiet durch Ausziehen der Parameterkurven, wenigstens im Bereich $\alpha > \alpha_0$, hervorgehoben worden, während die durch Strichelung gekennzeichneten Teile der Parameterkurven für uns nicht brauchbar sind, da für Punkte dieses Gebietes an irgendeiner Stelle der Berührungslinie Zug zwischen Rad und Schiene übertragen werden müßte, was natürlich nicht möglich ist. Wir brauchen uns demnach wenigstens für $\alpha > \alpha_0$ nur um das durch die ausgezogenen Parameterkurven hervorgehobene Gebiet von Bild 5 zu bekümmern. Für $\alpha < \alpha_0$ sind die zu Druck gehörenden Parameterkurven in Bild 5 nicht ausgezogen, sondern auch nur gestrichelt worden, um sie deutlicher voneinander unterscheiden zu können. Bevor wir die Diskussion der Lösung an Hand von Bild 5 fortsetzen, sei noch auf eine andere graphische Darstellung der Gl. (54) bzw. (55) hingewiesen, wie sie in Bild 6 wiedergegeben ist. Hier sind μ/μ_0 und z als Abszissen bzw. Ordinaten verwendet, während α als Parameter dient. Die Parameterkurven sind hier Gerade. Sie sind hier nur insoweit ausgezogen, als sie in der ganzen Berührungslinie überall zu Druck führen, so daß das von ihnen überstrichene Gebiet dem durch Ausziehen der Parameterkurven in Bild 5 hervorgehobenen Gebiet entspricht. Unter

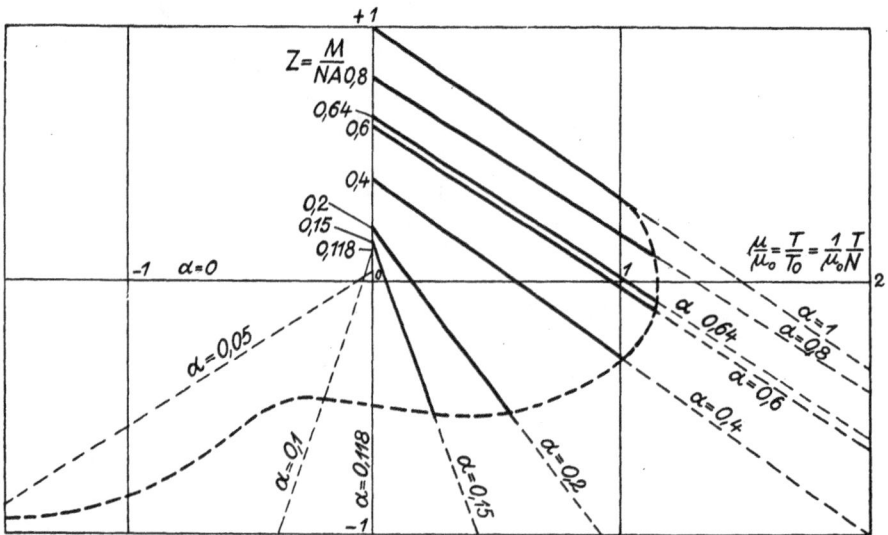

Bild 6

Umständen ist es vorteilhaft, die graphische Darstellung nach Bild 6 zu verwenden. Wir wollen uns aber zunächst an Bild 5 halten. Sind die am Rad angreifenden Kräfte N und T sowie das Moment M gegeben, so folgen hieraus die Werte von z und μ/μ_0, und damit ergibt sich aus Bild 5 der zugehörige Wert α. Zu beachten ist dabei aber die im Anschluß an Gl. (22a) gemachte Bemerkung, daß das letzte Glied auf der rechten Seite von Gl. (22a) gegen die Haftbedingung verstößt. Unsere Entwicklungen sind demnach nur brauchbar, wenn

$$c_0'' = 0 \quad\ldots\ldots\ldots\ldots\ldots \quad (62)$$

wird. Diese Bedingung verlangt entweder $\sigma_0 = 0$ oder nach Gl. (26)

$$(2/\sqrt{\alpha}) - [1/(1 - \sqrt{1-\alpha})] = 0 \quad\ldots\ldots \quad (63)$$

Aus dieser Gleichung für α errechnet sich α zu 16/25 oder 0,64. Es ist demnach zu erwarten, daß im allgemeinen der Wert $\alpha_1 = 0,64$ eintritt, wenn irgendeine von 0 verschiedene Tangentialkraft T übertragen wird. Die zugehörige Ordinate ist daher in Bild 5 besonders hervorgehoben. Der experimentelle Nachweis für die Richtigkeit dieser Folgerung wird in § 6 erbracht, wo der mit dem Wert $\alpha_1 = 0,64$ errechnete Schlupf in ausgezeichneter Übereinstimmung mit lange zurückliegenden Schlupfmessungen von G. Sachs gefunden wird. Mit $\alpha_1 = 0,64$ verschwindet nicht nur c_0'', sondern es treten auch noch erhebliche Vereinfachungen ein, da nach Gl. (26) für diesen Wert von α gleichzeitig auch die Konstanten c_2 und c_2' zu null werden.

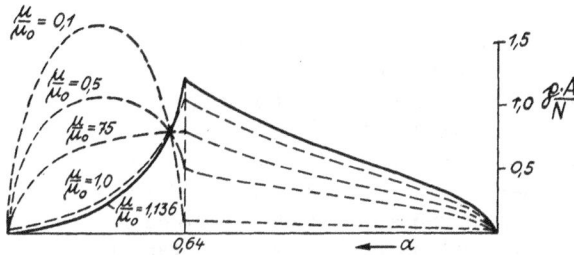

a) Druckverteilung in der Berührungslinie bei $\alpha = 64$

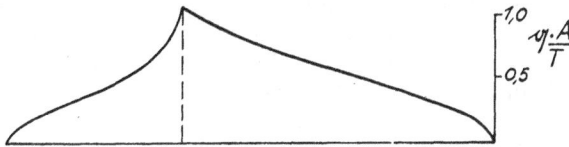

b) Schubverteilung in der Berührungslinie bei $\alpha = 0,64$

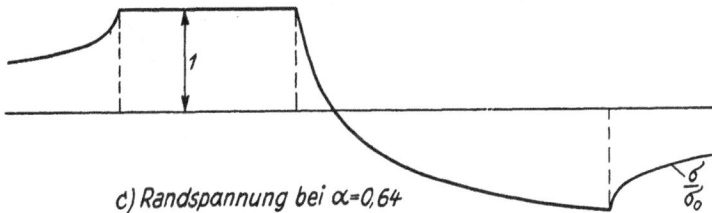

c) Randspannung bei $\alpha = 0,64$

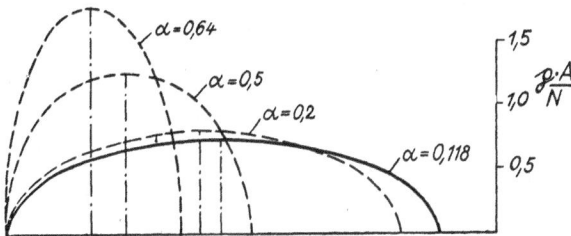

d) Druckverteilung in der Berührungslinie bei $T=0$ und verschiedenen α-Werten

Bild 7

Da unsere Entwicklungen nur für verschwindendes c_0'' brauchbar sind, kommen in der graphischen Darstellung unserer Hauptgleichung nach Bild 5 nur den Punkten der zu $\alpha = \alpha_1 = 0{,}64$ gehörenden Ordinate sowie den Punkten der α-Achse praktische Bedeutung zu. Der den Rollvorgang in Bild 5 darstellende Punkt steigt mit wachsender Tangentialkraft $T = \mu \cdot N$ längs der zu α_1 gehörenden Ordinate an. Bemerkenswert ist, daß diese Ordinate bis zum Wert $\mu/\mu_0 = 1{,}136$ im zulässigen Gebiet liegt. Dies dürfte der bekannten Erscheinung entsprechen, daß der größte Haftreibungsbeiwert um ein Beträchtliches, nämlich um 13,6%, höher liegt als der Beiwert μ_0 der gleitenden Reibung. Diese schon seit langem durchs Experiment bekannte Tatsache erhält damit ihre theoretische Begründung. Bei der anfahrenden Lokomotive kann man gelegentlich das Ausrutschen der Treibräder feststellen, wobei die übertragene Tangentialkraft von einem höheren Wert der Haftreibung auf den geringeren der gleitenden Reibung absinkt. Dieser Fall tritt ein, wenn die zu $\alpha_1 = 0{,}64$ gehörige Ordinate den zulässigen höchsten Punkt unseres Gebietes erreicht hat.

Bild 7a zeigt bei $\alpha = 0{,}64$ die Druckverteilung $[\mathfrak{p}\,(u)/N]\,A$ für verschiedene Werte des Verhältnisses $\mu/\mu_0 = T/N$ sowohl im Haftgebiet wie im Schlüpfgebiet über der Berührungslinie aufgetragen. Während im Schlüpfgebiet die Druckverteilung proportional mit der übertragenen Tangentialkraft T und damit proportional mit μ/μ_0 anwächst, ist im Haftgebiet die Druckverteilung in ganz anderer Weise von μ/μ_0 abhängig. Sie nimmt mit wachsendem μ/μ_0 ab, bis sie für $\mu/\mu_0 = 1{,}136$ mit einer horizontalen Tangente am vorderen Ende der Haftlinie einsetzt. Für noch größere Werte von μ/μ_0 würde im vorderen Teil der Haftlinie zwischen Rad und Schiene Zug übertragen werden müssen, was nicht möglich ist. Man erkennt aus dem Verlauf der $\mathfrak{p}$-Kurven in Bild 7a, daß sich beim Erreichen bzw. im Moment des Überschreitens des Wertes $\mu/\mu_0 = 1{,}136$ das Haftgebiet von vorne nach hinten öffnet, so daß der Zustand vollkommenen Gleitens eingeleitet wird. Bild 7b zeigt für $\alpha = 0{,}64$ die Schubverteilung $(q/T)\,A$ in der Berührungslinie, wie sie sich aus den Gl. (21a) und (21b) ergibt. Sie ist von μ/μ_0 unabhängig, d. h. die Schubverteilung q wächst proportional mit T an jeder Stelle. Ferner wird in Bild 7c die Spannungsverteilung σ/σ_0 an der Oberfläche von Rad und Schiene in der Berührungslinie sowie davor und dahinter wiedergegeben, auf Grund der Gl. (22c), (22d), (24a) und (24b). Dabei ist zu beachten, daß die Spannungsverteilung für Rad und Schiene absolut genommen die gleiche ist, aber fürs Rad von entgegengesetztem Vorzeichen wie für die Schiene. Schließlich zeigt Bild 7d die Druckverteilung für $\mu/\mu_0 = 0$ oder $T = 0$ bei verschiedenen Werten α, insbesondere auch für $\alpha = 0{,}118$.

Nach Gl. (30a) sind für irgendeinen Wert α, der an die Bedingung $0{,}118 < \alpha < 1$ gebunden ist, σ_0 und T von gleichem Vorzeichen. Ein Wechsel des Vorzeichens von T würde bei gleichbleibendem α einen Vorzeichenwechsel von σ_0 zur Folge haben. Damit würden aber auch die Druckspannungen nach Gl. (36) in Zugspannungen zwischen Rad und Schiene übergehen müssen, was nicht möglich ist. Aus diesem Grund mußten wir in Bild 5 für $\alpha > 0{,}118$ die zu negativen Werten μ/μ_0 gehörenden Parameterkurven bei unseren Betrachtungen ausschalten, und dasselbe gilt für den Bereich $\alpha < 0{,}118$ hinsichtlich der positiven Werte von μ/μ_0.

Bei unseren bisherigen Überlegungen haben wir willkürlich die in Richtung der Vorwärtsbewegung des Rades am Rad in der Berührungslinie angreifende Resultierende T als positiv und die entgegengesetzt gerichtete Kraft als negativ eingeführt. Genau so gut können wir die umgekehrte Festsetzung treffen, ohne daß sich an den Rechnungen das Geringste ändern würde. Es würde dies darauf hinauslaufen, daß man Rad und Schiene miteinander vertauscht. Mit anderen Worten: Unsere Betrachtungen und Ergebnisse gelten unverändert auch für den Fall, daß T Bremskraft ist. Demnach ist auch beim Bremsen $\alpha = 0{,}64$ ausgezeichnet, so daß ebenso wie beim Anfahren auch beim Bremsen das Verhältnis zwischen Haft- und Schlüpfgebiet sich wie 9 : 16 verhält. Auch beim Bremsen kann man demnach eine um 13,6% größere maximale Bremskraft erzielen als beim reinen Gleiten. Diese im Eisenbahnbetrieb seit langem bekannte Tatsache, daß nicht zu starkes Anziehen der Bremsen, wobei die Räder noch rollen, für die Bremswirkung besonders günstig ist, erhält damit ihre Aufklärung. Mit Rücksicht darauf, daß der Wert $\alpha = 0{,}64$ sowohl beim Anfahren wie beim Bremsen den ausgezeichneten Wert darstellt, sollen für ihn noch einige Größen angegeben werden.

Aus Gl. (30a) berechnet sich

$$T_{a=0{,}64} = (3/10)\,\pi\,\sigma_0\,A \quad\ldots\ldots\ldots\ldots (64)$$

Nach Gl. (33) ist

$$[\mathfrak{q}\,(u)]_{\substack{u=-a\\ a=0{,}64}} = (\sigma_0/2)\,[(2 - \sqrt{\alpha}\,)\,/\,\sqrt{1-\alpha}\,]_{a=0{,}64} = \sigma_0 \quad\ldots\ldots (65)$$

Nach Gl. (57) erhält man zunächst für $u = -a$

$$[\mathfrak{p}\,(u)]_{u=-a} = -\,(C_1/2)\,\sqrt{\alpha} - C_2'\,A\,\sqrt{\alpha\,(1-\alpha)}$$

und nach Einsetzen der Werte C_1 und C_2' gemäß Gl. (45)

$$[\mathfrak{p}\,(u)]_{u=-a} = [\sigma_0/(2\,\mu_0)]\,((\sqrt{\alpha}/n) + \sqrt{\alpha/(1-\alpha)}\,[(2/\sqrt{\alpha}\,) - (1/n)])$$

woraus mit $\alpha = 0{,}64$ folgt:

$$[\mathfrak{p}\,(u)]_{\substack{u=-a\\ a=0{,}64}} = \sigma_0/\mu_0 \quad\ldots\ldots\ldots\ldots (66)$$

Besonders bemerkenswert ist das Resultat, daß im Haftgebiet eine größere tangentiale Haftkraft übertragen werden kann als die Gleitkraft beträgt, entsprechend dem oben angegebenen Wert $\mu_{max}/\mu_0 = 1{,}136$. Infolgedessen muß im Haftgebiet mindestens zum Teil $q\,(u) - \mu_0 \cdot p\,(u)$ positiv sein, während dieser Ausdruck im Schlüpfgebiet verschwindet. Setzt man für $q\,(u)$ den Wert nach Gl. (21a) und für $p\,(u)$ den nach Gl. (35a) ein und ersetzt darin nach Gl. (26) bzw. Gl. (45) die Werte der Konstanten, so ergibt eine einfache Ausrechnung für das Haftgebiet

$$q\,(u) - \mu_0 \cdot p\,(u) = (2/\pi)\,(N/a)\,(\mu - \mu_0)\,\sqrt{1 - (u/a)^2} \quad\ldots\ldots (67)$$

d. h. für $\mu > \mu_0$ im ganzen Haftgebiet positive Werte.

Es ist zunächst schwer einzusehen, wie die Schubspannungen $q\,(u)$, soweit sie die Gleitschubspannungen $\mu_0 p\,(u)$ übersteigen, im Haftgebiet übertragen werden können. Tatsächlich werden aber Haftreibungen, die die gleitende Reibung beträchtlich übersteigen, beobachtet. Eine Erklärung hierfür dürften die in § 9 zu besprechenden Schub-Dipole gehen. Darnach würden die oben berechneten überschüssigen Schubspannungen mit Hilfe von Schub-Dipolen in zwei gleiche, am Anfang und am Ende des Haftgebietes wirkende Einzelkräfte umgesetzt. Es muß das Experiment zeigen, ob diese Umsetzung in vollem Ausmaß erfolgt; d. h. ob die oben berechneten 13,6% Überhöhung des Gleitwertes μ_0, die im äußersten Fall eintreten kann, auch wirklich voll ausgenützt wird. Auf die neuartige Haftbedingung mit Hilfe von Dipolen werde ich in einer anderen Arbeit näher eingehen.

§ 6. Der Schlupf

Wenn ein Rad vom Halbmesser r auf einer geraden Schiene angetrieben wird, wobei eine Tangentialkraft T an der Berührungsstelle übertragen wird, so beträgt die relative Dehnung der jeweils in die Berührungslinie einlaufenden Fasern von Rad und Schiene $\varepsilon = 2\,(\sigma_0/E)$, wobei $\pm\,\sigma_0$ die in § 2 eingeführte Bedeutung hat. Der relativen Dehnung $2\,(\sigma_0/E)$ entspricht die relative Spannung $2\,\sigma_0$ zwischen Rad und Schiene beim Einlauf in die Berührungslinie. Am Ende der Berührungslinie ist die relative Spannung zwischen den die Berührungslinie verlassenden Faserelementen von Rad und Schiene ebenso groß wie vor der Berührungslinie, nur mit geändertem Vorzeichen, so daß sie $-2\,\sigma_0$ beträgt; und dementsprechend ist die relative Dehnung am Ende der Berührungslinie $-2\,(\sigma_0/E)$. Die relative Dehnung zwischen Rad und Schiene springt demnach von dem Wert $+2\,(\sigma_0/E)$ vor der Berührungslinie auf den Wert $-2\,(\sigma_0/E)$ hinter der Berührungslinie, also insgesamt um $-4\,(\sigma_0/E)$. Indem man diesen Dehnungssprung mit dem Radumfang multipliziert, erhält man den Schlupf, bezogen auf eine Raddrehung:

$$S = 4\,(\sigma_0/E)\,2\,r\pi\,[1 - (1/m^2)] = 8\,r\pi\,(\sigma_0/E)\,[1 - (1/m^2)] \ . \ . \ . \ (68)$$

wobei der Faktor $1 - (1/m^2)$ noch hinzugefügt werden mußte, da es sich um einen ebenen Formänderungszustand handelt. Der Zusammenhang zwischen σ_0 und der in der Berührungsfläche übertragenen Tangentialkraft T folgt aus Gl. (30a). Gl. (68) bleibt auch für Reibungsgetriebe bestehen, wenn etwa mit r der Radius des treibenden Rades bezeichnet wird und der Schlupf S sich auf einen Umlauf dieses Rades bezieht. Der Radius des getriebenen Rades steckt nur in dem Ausdruck A der halben Berührungsstrecke.

Um den Schlupf, bezogen auf eine Umdrehung des treibenden Rades nach Gl. (68) mit Schlupfmessungen zu vergleichen, legen wir die Versuche von G. Sachs[1]) zugrunde. Die Versuche wurden mit Reibungsrädern von gleichen Halbmessern $r_1 = r_2 = 15$ cm durchgeführt. Die bei den Versuchen verwendeten Räderpaare bestanden zum Teil aus dem gleichen und zum Teil aus verschiedenen Werkstoffen. Da die vorliegende Theorie in ihrer vorläufigen Fassung gleiche Elastizitätsmoduln von Rad und Schiene und in diesem Fall von treibendem und getriebenen Rad voraussetzt, kommt der Vergleich mit den Messungen nur an Räderpaaren gleicher Werkstoffe in Betracht. Von solchen Versuchen liegen Messungen an einem Räderpaar aus Flußeisen und einem aus Holz (Weißbuche) vor. Was die Schlupfkurve von Flußeisen auf Flußeisen betrifft, so ist das Ergebnis der Messungen in Abb. 26 der Sachsschen Arbeit wiedergegeben. Darin gibt die Abszisse den gemessenen Schlupf in mm pro Umlauf $2\,\pi r$ des treibenden Rades an und die Ordinate das Verhältnis von Umlaufskraft zu Normalkraft, in unseren Bezeichnungen T/N. Entsprechend einer Breite $b = 2{,}5$ mm der in Berührung stehenden Räder und einem bei den Versuchen konstanten Normaldruck von 6,67 kg errechnet sich N zu

$$N = 6{,}67/0{,}25 = 26{,}7 \text{ kg/cm.}$$

Bemerkenswert ist in Abb. 26 der genannten Arbeit der lineare Anstieg des Schlupfes mit wachsender Tangentialkraft T wenigstens bis nahe an die Gleitgrenze. Da der Schlupf nach Gl. (68) proportional mit σ_0 wächst, folgt hieraus,

[1]) G. Sachs „Versuche über die Reibung fester Körper". Z.A.M.M. Band 4 (1924) S. 1—32.

daß auch σ_0 und T innerhalb dieser Grenze angenähert proportional sein müssen. Dies setzt aber nach Gl. (30a) voraus, daß sich α mit wachsendem T nicht wesentlich ändern kann; d. h. aber, daß das Verhältnis von Schlüpf- zu Gleitgebiet während des Versuches auch bei steigender Tangentialkraft ungefähr das gleiche bleibt.

Nachdem der Versuch zu erkennen gibt, daß das Verhältnis zwischen Gleit- und Haftgebiet bzw. Gleit- und ganzem Berührungsgebiet und damit der Wert α auch bei steigender Umfangskraft T bis zu hohen Werten konstant bleibt, liegt die Vermutung nahe, daß α hierbei den Wert $\alpha_1 = 0{,}64$ annimmt, da bei diesem Wert, wie wir in § 5 gesehen haben, die Haftbedingung erfüllt werden kann. Wir werden diesen Wert von α einsetzen und den sich hieraus ergebenden Schlupf mit den Schlupfmessungen vergleichen.

Das Verhältnis des Schlupfes S, bezogen auf einen Umfang des treibenden Rades, zum Verhältnis T/N entnimmt man für den geradlinigen Anstieg aus Abb. 26 der Sachsschen Arbeit zu

$$x = S/(T/N) = 0{,}33 \text{ cm} \quad \dots \dots \dots \dots (69)$$

Um diesen Wert mit unserer Theorie zu vergleichen, benützen wir Gl. (68) zur Berechnung des Schlupfes, in die wir für σ_0 nach Gl. (30a) T einzusetzen haben, wobei für α der Wert 0,64 benützt wird. Die halbe Länge A der Berührungslinie folgt aus der allgemeinen Hertzschen Formel

$$A = 2 \sqrt{(2\,N/\pi)\,[1 - (1/m^2)] / ([(1/r_1) + (1/r_2)]\,E)} \quad \dots \dots (70)$$

für $r_1 = r_2 = r$ zu

$$A = 2 \sqrt{(N/\pi)\,(r/E)\,[(m^2 - 1)/m^2]} \quad \dots \dots \dots (71)$$

Damit erhält man mit $m = 10/3$ und $E = 2{,}1 \cdot 10^6 \text{ kg/cm}^2$

$$x = \frac{S}{T/N} = 8\,\pi\,r\,\frac{(\sigma_0/E)\,[1 - (1/m^2)]}{T/N} = 32\,r\,\frac{N}{A\,E}\,\frac{1 - (1/m^2)}{3\sqrt{\alpha} + [\alpha/(2\,n)] - 2} =$$

$$= \frac{32\,r}{1{,}2}\,\frac{N}{A\,E} \cdot 0{,}91 = \frac{16}{1{,}2}\sqrt{\pi\,\frac{r\,N}{E}\,\frac{m^2}{m^2-1}} \cdot 0{,}91 = \frac{4}{30}\sqrt{\frac{\pi \cdot 26{,}7 \cdot 15}{91 \cdot 2{,}1}} \cdot 0{,}91 = 0{,}31 \text{ cm}$$

$$\dots (72)$$

Die Übereinstimmung mit dem oben angegebenen gemessenen Wert ist so gut, wie man sie besser kaum erwarten kann. Ebensogut ist die Übereinstimmung zwischen der Theorie und dem Versuch bei Verwendung von Holzrädern. (Siehe Abb. 32 der genannten Sachsschen Arbeit.) Setzt man in die theoretische Formel für $E = 160\,000 \text{ kg/cm}^2$ ein, wie ihn Sachs bei seinen Rädern aus Weißbuche gemessen hat, so ist die Übereinstimmung zwischen Theorie und Versuch für den geradlinig ansteigenden Ast der Schlupfkurve so gut wie vollkommen.

Die gute Übereinstimmung zwischen Theorie und Versuch berechtigt zu der Behauptung, daß die Theorie dem wirklichen Verhalten beim Rollvorgang durchaus entspricht.

§ 7. Die Beanspruchung von Rad und Schiene

Um die bei den verschiedenen Rollvorgängen, wie sie in den früheren §§ untersucht worden sind, auftretenden Spannungszustände in Rad und Schiene, besonders natürlich in der Umgebung der Berührungslinie zu untersuchen, bedient man sich zweckmäßig der komplexen Darstellung, wie ich sie in meiner Arbeit „Die unendliche Halbebene bei beliebiger Randbelastung", Sitzungsberichte der

Bayr. Akad. d. Wissensch., Math.-naturw. Abt., 1941, S. 111, eingeführt habe. Ich will die Grundlagen dieser Arbeit hier wiedergeben. Es handelt sich um die unendliche Halbebene, die am Rand von $u = -a$ bis $u = +a$ durch eine beliebige Normalbelastung $p(u)$ beansprucht (s. Bild 8) wird. Vom einzelnen Lastelement $p\,du$ rühren die folgenden Spannungen:

$$\left.\begin{aligned} d\sigma_{x1} &= (2/\pi)\,[y\,(x-u)^2/\varrho^4]\,p\,du \\ d\sigma_{y1} &= (2/\pi)\,(y^3/\varrho^4)\,p\,du \\ d\tau_1 &= (2/\pi)\,[y^2\,(x-u)/\varrho^4]\,p\,du \end{aligned}\right\} \quad \ldots \ldots \ldots (73)$$

Mit Hilfe der halben Normalspannungssumme

$$d\varphi = (d\sigma_{x1} + d\sigma_{y1})/2 = (1/\pi)\,(y/\varrho^2)\,p\,du \ldots \ldots \ldots (74)$$

lassen sich die Spannungen folgendermaßen ausdrücken:

$$\left.\begin{aligned} d\sigma_{x1} &= d\varphi + y\,\frac{\partial(d\varphi)}{\partial y} \\ d\sigma_{y1} &= d\varphi - y\,\frac{\partial(d\varphi)}{\partial y} \\ d\tau_1 &= \quad\ - y\,\frac{\partial(d\varphi)}{\partial x} \end{aligned}\right\} \quad \ldots \ldots \ldots (75)$$

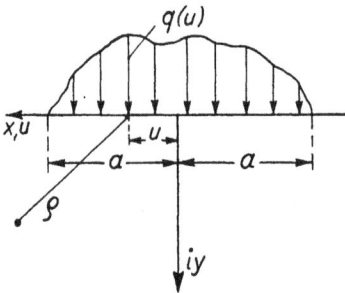

Bild 8

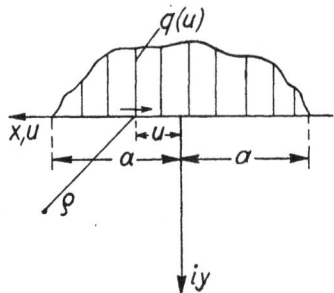

Bild 9

Diese letztere Darstellung gilt allgemein für jeden ebenen Spannungszustand, da die Gleichgewichtsbedingungen am Element durch diesen Ansatz identisch befriedigt werden. Die Spannungssumme ist bekanntlich eine harmonische Funktion, so daß gilt:

$$\Delta(d\varphi) = 0 \ \ldots \ldots \ldots \ldots \ldots (76)$$

Handelt es sich nicht um eine Normalbeanspruchung $p(u)$ der Halbebene, sondern um eine Schubbeanspruchung $q(u)$, Bild 9, so sind die von einem Element $q\,du$ herrührenden Spannungen die folgenden:

$$\left.\begin{aligned} d\sigma_{x2} &= (2/\pi)\,[(x-u)^3/\varrho^4]\,q\,du \\ d\sigma_{y2} &= (2/\pi)\,[y^2\,(x-u)/\varrho^4]\,q\,du \\ d\tau_2 &= (2/\pi)\,[y\,(x-u)^2/\varrho^4]\,q\,du \end{aligned}\right\} \quad \ldots \ldots \ldots (77)$$

Mit Hilfe der halben Spannungssumme

$$d\psi = (d\sigma_{x2} + d\sigma_{y2})/2 = (1/\pi)\,[(x-u)/\varrho^2]\,q\,du \ldots \ldots (78)$$

lassen sich die Spannungen ausdrücken durch

$$d\,\sigma_{x2} = d\,\psi - (x - u)\frac{\partial\,(d\,\psi)}{\partial\,x}$$

$$d\,\sigma_{y2} = d\,\psi + (x - u)\frac{\partial\,(d\,\psi)}{\partial\,x} \left.\vphantom{\begin{matrix}\\\\\\\end{matrix}}\right\} \quad . \ . \ . \ . \ . \ . \ . \ . \ (79)$$

$$d\,\tau_2 = \qquad -(x - u)\frac{\partial\,(\partial\,\psi)}{\partial\,y}$$

Auch durch diesen Ansatz werden die Gleichgewichtsbedingungen am Element identisch befriedigt und die Spannungssumme genügt als harmonische Funktion der Laplaceschen Gleichung

$$\Delta\,(d\,\psi) = 0 \quad . \ . \ . \ . \ . \ . \ . \ . \ . \ . \ . \ (80)$$

für $q\,(u) = p\,(u)$ wird $\qquad d\,\chi = d\,\varphi + i\,d\,\psi$

eine komplexe analytische Funktion von $z = x + i\,y$, denn es gilt

$$d\,\chi = d\,\varphi + i\,d\,\psi = (1/\pi)\,([y + i\,(x - u)]\,/\,\varrho^2)\,p\,du$$
$$= (i/\pi)\,((x - u - i\,y)\,/\,[(x - u)^2 + y^2])\,p\,du$$
$$= (i/\pi)\,p\,du\,/\,(x - u + i\,y) = (i/\pi)\,p\,du\,/\,(z - u) \ . \ . \ . \ (81)$$

Indem man diese Gleichung, die sich auf das Lastelement $p\,du$ bezieht, über die ganze Belastungsfläche integriert, erhält man als komplexes **Spannungspotential**:

$$\chi = \varphi + i\,\psi = \frac{i}{\pi}\int\frac{p\,d\,u}{z - u} \ . \ . \ . \ . \ . \ . \ . \ . \ (81\text{a})$$

Von den zugehörigen Spannungen beziehen sich die folgenden auf den Spannungszustand in der Halbebene, der zur Normalbelastung $p\,(u)$ gehört, gemäß Gl. (75):

$$\sigma_{x1} = \varphi + y\frac{\partial\,\varphi}{\partial\,y}, \quad \sigma_{y1} = \varphi - y\frac{\partial\,\varphi}{\partial\,y}, \quad \tau_1 = -y\frac{\partial\,\varphi}{\partial\,x} \ . \ . \ . \ . \ (82)$$

und die folgenden auf den von der Schubbelastung $q\,(u) = p\,(u)$ herrührenden Spannungszustand gemäß Gl. (79)

$$\sigma_{x2} = \psi - \int(x - u)\frac{\partial}{\partial\,x}\left(\frac{\partial\,\psi}{\partial\,u}\right)d\,u$$

$$\sigma_{y2} = \psi + \int(x - u)\frac{\partial}{\partial\,x}\left(\frac{\partial\,\psi}{\partial\,u}\right)d\,u \left.\vphantom{\begin{matrix}\\\\\\\end{matrix}}\right\} \quad . \ . \ . \ . \ . \ . \ . \ (83)$$

$$\tau_2 = \qquad -\int(x - u)\frac{\partial}{\partial\,y}\left(\frac{\partial\,\psi}{\partial\,u}\right)d\,x$$

Zwischen den beiden durch die Gl. (82) und (83) wiedergegebenen Spannungen bestehen in unserem Fall, wo sich das Spannungspotential durch Gl. (81) ausdrücken läßt, einfache Beziehungen. Um diese abzuleiten, berechnen wir mit Hilfe der Gl. (74) bis (79)

$$d\sigma_{x1} - d\tau_2 = 0; \quad d\sigma_{y2} - d\tau_1 = 0; \quad d\sigma_{x2} + d\tau_1 = 2\,d\psi \ . \ . \ . \ . \ (84)$$

Durch Integration über diese drei Gleichungen nach u ergibt sich die Möglichkeit, die durch den Index 2 gekennzeichneten, von der Schubbelastung herrührenden Spannungen durch die von der Normalbelastung herrührenden, mit dem Index 1 behafteten Spannungen auszudrücken:

$$\sigma_{x2} = -\tau_1 + 2\,\psi; \quad \sigma_{y2} = +\tau_1; \quad \tau_2 = +\sigma_{x1} \ . \ . \ . \ . \ . \ . \ . \ (85)$$

Es genügt demnach, die von der Normalbelastung herrührenden, durch die
Gl. (82) bestimmten Spannungen zu ermitteln, um mit Hilfe der letzten Gleichungen zugleich die zu der entsprechenden Schubbelastung gehörigen Spannungen zu erhalten.

Der Spannungszustand hängt vom komplexen Spannungspotential nach Gl. (81)
ab. Um den beim Rollen eines belasteten Rades auftretenden Spannungszustand
zu berechnen, muß man für $p(u)$ die durch die Gl. (21) von § 3 bzw. (35) von
§ 4 gegebene Belastung der Berührungslinie einsetzen:

$$p(u) = (c_0 + c_1 u + c_2 u^2) / (2 \sqrt{a^2 - u^2}) \quad \ldots \ldots \quad (86)$$

Nach Einsetzen in Gl. (81a) und Beachtung der Gl. (6a) von § 1 erhält man

$$\chi = \frac{i}{2\pi} \int\limits_{u=-a}^{+a} \frac{c_0 + c_1 u + c_2 u^2}{(z-u)\sqrt{a^2 - u^2}} \, du = -\frac{i c_1}{2} - \frac{i c_2}{2} z + \frac{i}{2} \frac{c_0 + c_1 z + c_2 z^2}{\sqrt{z^2 - a^2}} \quad (87)$$

Damit sind alle Grundlagen zur zahlenmäßigen Berechnung der Spannungen in
Rad und Schiene bei den verschiedenen in den §§ 2 bis 5 behandelten Fällen der
Kraftübertragung gegeben. Für die mit dem Spannungszustand verbundene
Anstrengung des Werkstoffes ist

$$\tau^2_{\max} = [(\sigma_x - \sigma_y)/2]^2 + \tau_{xy}{}^2 \quad \ldots \ldots \ldots \ldots \quad (88)$$

maßgebend. Für die Normalbelastung, die wir durch den Index 1 gekennzeichnet
haben, folgt hieraus unter Berücksichtigung der Gl. (82)

$$\tau^2_{\max_1} = y^2 \left(\frac{\partial \varphi}{\partial y}\right)^2 + y^2 \left(\frac{\partial \varphi}{\partial x}\right)^2 = y^2 \left|\frac{d\chi}{dz}\right|^2$$

oder
$$\tau_{\max_1} = y \left|\frac{d\chi}{dz}\right| . \quad \ldots \ldots \ldots \ldots \quad (89)$$

Hierin ist für $\chi(z)$ Gl. (88) einzusetzen.

Für die Schubbelastung, die wir durch den Index 2 gekennzeichnet haben, folgt
aus Gl. (88) unter Berücksichtigung der Gl. (85)

$$\tau^2_{\max_2} = [\sigma_{x2} - \sigma_{y2})/2]^2 + \tau_2{}^2 = (-\tau_1 + \psi)^2 + \sigma_{x1}{}^2$$
$$= \left(\psi + y\frac{\partial \varphi}{\partial x}\right)^2 + \left(\varphi + y\frac{\partial \varphi}{\partial y}\right)^2 \quad \ldots \quad (90)$$

Die weitere Ausrechnung der Formeln (89) und (90) für bestimmte Belastungs-
fälle soll einer späteren Arbeit vorbehalten bleiben.

§ 8. Das gebremste Rad unter besonderen Bedingungen

In § 3 und § 4 haben wir die Schub- bzw. Druckverteilung zwischen Rad und
Schiene im allgemeinen Fall behandelt. Dabei wurde aber noch vorausgesetzt,
daß die in die Berührungslinie einlaufenden und die daraus auslaufenden Fasern
des Rades wie der Schiene bis aufs Vorzeichen gleich große Spannungen besitzen,
die wir mit $\pm \sigma_0$ bezeichnet haben. Diese Voraussetzung trifft sicher sowohl für
das ziehende wie für das gebremste Rad im allgemeinen zu, wenigstens, wenn es
sich um große Tangentialkräfte T handelt, die in normaler Weise beim Anfahren
oder Bremsen übertragen werden. Beim gebremsten Rad kann man aber dadurch,
daß man den Bremsklotz sehr nahe an die auslaufende Radfaser heranbringt,
erreichen, daß die Spannung der auslaufenden Fasern, die wir mit $-\sigma_e$ bezeichnen
wollen, absolut genommen, größer wird als die Spannung $+\sigma_0$ der in die Be-

rührungslinie einlaufenden Radfasern. Um die mechanischen Verhältnisse bei einem in dieser Weise gebremsten Rad zu untersuchen, verallgemeinern wir die Untersuchungen der §§ 3 bis 5 in der Weise, daß wir mit σ_e neben σ_0 eine neue Konstante einführen. Wie sich zeigt, genügt in diesem Fall ein gegenüber den früheren Paragraphen einfacherer Ansatz für die Schub- und Druckverteilung in der Berührungslinie, und zwar können die in der Gl. (26) bzw. (45) mit dem Faktor $(2/\sqrt{\alpha} - 1/n)$ behafteten Konstanten von vorne herein weglassen werden, die bisher nur für den Sonderfall $\alpha = 0{,}64$ weggefallen waren.
Wir setzen demnach an Stelle der Gl. (21) für die Schubverteilung in der Berührungslinie

$$q(u) = (c_0 + c_1 u)/(2\sqrt{a^2 - u^2}) \text{ für } u^2 \leqq a^2 \quad \ldots \ldots \quad (91a)$$

$$q'(u') = (c_0' + c_1' u')/(2\sqrt{A^2 - u'^2} \text{ für } u'^2 \leqq A^2 \quad \ldots \ldots \quad (91b)$$

Die Spannungen σ_1 bzw. σ_2 fürs Haft- bzw. Schlüpfgebiet lauten dann an Stelle der Gl. (22):

$$\sigma_1 = -c_1 - c_1' = \sigma_0 \quad \ldots \ldots \ldots \ldots \ldots \ldots \quad (92a)$$

$$\sigma_2 = c_1 - c_1' + (x/|x|)\cdot(c_0 + c_1 x)/\sqrt{x^2 - a^2} \quad \ldots \ldots \quad (92b)$$

An Stelle der Gl. (23c) und (23d) treten jetzt die beiden folgenden

$$c_0 - c_1 a = 0 \quad \ldots \ldots \ldots \ldots \ldots \ldots \quad (93a)$$

$$-c_1 = (\sigma_0 + \sigma_e)\sqrt{A/b} \quad \ldots \ldots \ldots \ldots \quad (93b)$$

Die Spannungen σ_3 und σ_4 vor bzw. hinter der Berührungslinie lauten jetzt

$$\sigma_3 = \sigma_0 + [(c_0 + c_1 x)/\sqrt{x^2 - a^2}] + [(c_0' + c_1' x')/\sqrt{x'^2 - A^2}];$$
$$\text{(für } x \geqq a; \ x' \geqq A) \ \ldots \ldots \ldots \ldots \ldots \quad (94a)$$

$$\sigma_4 = \sigma_0 - [(c_0 + c_1 x)/\sqrt{x^2 - a^2}] - [(c_0' + c_1' x')/\sqrt{x'^2 - A^2}];$$
$$\text{(für } x \leqq -(A + b); \ x' \leqq -A) \ \ldots \ldots \ldots \quad (94b)$$

An Stelle von Gl. (25a) tritt jetzt

$$c_0' - c_1' A = 0 \quad \ldots \ldots \ldots \ldots \quad (95)$$

Unter Berücksichtigung der Gl. (93) folgt aus Gl. (94b)

$$(\sigma_4)_{x = -(A+b)} = -\sigma_e,$$

wie es der stetige Übergang der Spannung am Ende des Berührungsgebietes verlangt.
Schließlich führt die Forderung, daß σ_3 für $x = a$ stetig in σ_0 übergeht, in Übereinstimmung mit Gl. (25b) auf:

$$c_1\sqrt{a} + c_1'\sqrt{A} = 0 \quad \ldots \ldots \ldots \ldots \quad (96)$$

Aus den fünf Gl. (92a), (93a), (93b), (95) und (96) lassen sich die fünf Konstanten c_0, c_1, c_0', c_1' und σ_e eindeutig bestimmen. Zugleich wird mit diesen Konstanten $\lim\limits_{x \to \infty} \sigma_3 = 0$ und $\lim\limits_{x \to -\infty} \sigma_4 = 0$. Das Ergebnis der Ausrechnung ist das folgende:

$$\left.\begin{aligned}
c_0 &= -\sigma_0 A\, [(1 - \alpha)/n] \\
c_0' &= \sigma_0 A\, (\sqrt{1 - \alpha}/n) \\
c_1 &= -\sigma_0/n \\
c_1' &= \sigma_0\, (\sqrt{1 - \alpha}/n)
\end{aligned}\right\} \ \ldots \ldots \ldots \quad (97)$$

und

$$\sigma_e/\sigma_0 = (\sqrt{\alpha}/n) - 1 \quad \ldots \ldots \ldots \quad (98)$$

Die in der Berührungslinie übertragene Schubkraft T folgt aus

$$T = t + t'$$

mit
$$t = \int_{u=-a}^{+a} q\,(u)\,du = (\pi/2)\,c_0 = -\,(\pi/2)\,\sigma_0 A\,[(1-\alpha)/n]$$

und
$$t' = \int_{u'=-A}^{+A} q'\,(u')\,du' = (\pi/2)\,c_0' = (\pi/2)\,\sigma_0 A\,(\sqrt{1-\alpha}/n)$$

zu
$$T = (\pi/2)\,\sigma_0 A \cdot \sqrt{1-\alpha} \ \ldots \ldots \ldots \ldots \ldots \ldots \ldots \ \text{(99)}$$

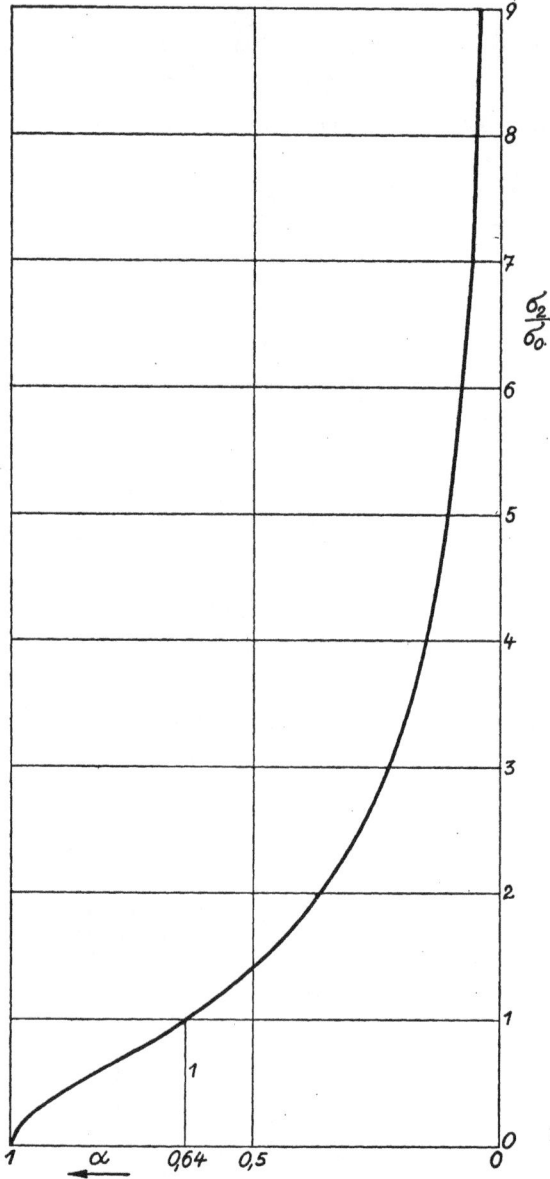

Bild 10

Für $\sigma_e = \sigma_0$ folgt aus Gl. (98) $(2/\sqrt{\alpha}) - (1/n) = 0$ oder $\alpha = \alpha_1 = 0{,}64$. Mit diesem Wert von α gehen die Konstanten nach Gl. (26) in die nach Gl. (97) über und ebenso T nach Gl. (30a) in den Wert von T nach Gl. (99). Jedem Wertverhältnis σ_e/σ_0 entspricht nach Gl. (98) ein bestimmter Wert α (s. Bild 10). Die Schubverteilung im Haftgebiet ist

$$q(u) = (c_0 + c_1 u)/(2\sqrt{a^2 - u^2}) + [c_0' + c_1'(u + b)]/[2\sqrt{A^2 - (u + b)^2}];$$
$$(\text{für } u^2 \leq a^2) \quad \ldots \ldots \ldots \ldots \ldots \ldots \ldots \ldots \ldots (100\text{a})$$

und im Schlüpfgebiet

$$q'(u) = [c_0' + c_1'(u + b)]/[2\sqrt{A^2 - (u + b)^2}];$$
$$[\text{für } -a \geqq u \geqq -(A + b)] \ldots \ldots \ldots \ldots \ldots (100\text{b})$$

Was die Druckverteilung im Berührungsgebiet betrifft, so ist hier an Stelle der Gl. (35) zu setzen

$$p(u) = [C_0 + C_1 u + C_2 u^2]/(2\sqrt{a^2 - u^2}); \ (\text{für } u^2 \leq a^2) \ . \ . \ (101\text{a})$$
$$p'(u') = (C_0' + C_1' u')/(2\sqrt{A^2 - u'^2}); \ (\text{für } u'^2 \leq A^2) \ \ldots \ (101\text{b})$$

Im Haftgebiet gilt

$$\mathfrak{p}(u) = [(C_0 + C_1 u + C_2 u^2)/(2\sqrt{a^2 - u^2})] + [(C_0' + C_1' u')/(2\sqrt{A^2 - u'^2})];$$
$$(\text{für } u^2 \leq a^2) \quad \ldots \ldots \ldots \ldots \ldots \ldots \ldots \ldots (102\text{a})$$

und im Schlüpfgebiet:

$$\mathfrak{p}'(u) = [C_0' + C_1'(u + b)]/[2\sqrt{A^2 - (u^2 + b^2)}]; \ (\text{für } -(b + A) \leqq u \leqq -a) \ (102\text{b})$$

An Stelle der Gl. (37) treten hier die folgenden:

$$C_0' = c_0'/\mu_0 = (\sigma_0 A/\mu_0)\,(\sqrt{1 - \alpha}/n) \ \ldots \ldots \ldots (103\text{a})$$
$$C_1' = c_1'/\mu_0 = (\sigma_0/\mu_0)\,(\sqrt{1 - \alpha}/n) \ \ldots \ldots \ldots (103\text{b})$$

und an Stelle der Gl. (38) und (40):

$$C_0 - C_1 a + C_2 a^2 = 0 \ \ldots \ldots \ldots \ldots \ldots \ldots (104)$$
$$C_1 = -C_1'\sqrt{A/a} = -(\sigma_0/\mu_0)\,(1/n) \ \ldots \ldots \ldots \ldots (105)$$

Die resultierende Druckkraft $N = n_1 + n_2$ errechnet sich mit Hilfe von

$$n_1 = \int_{u=-a}^{+a} p(u)\,du = (\pi/2)\,[C_0 + C_2\,(a^2/2)]$$

und

$$n_2 = \int_{u'=-A}^{+A} p'(u')\,du' = (\pi/2)\,C_0'$$

zu

$$N = (\pi/2)\,[C_0 + C_0' + C_2\,(a^2/2)] \ \ldots \ldots \ldots (106)$$

Mit Hilfe der fünf Gl. (103a), (103b), (104), (105) und (106), lassen sich alle fünf Konstanten angeben. Mit der früher verwendeten Abkürzung

$$\mu = T/N$$

lauten sie folgendermaßen:

$$\left.\begin{aligned}
C_0 &= (4/\pi)\,N - (4/\pi)\,N\,(\mu/\mu_0)\,(1 + [\sqrt{1 - \alpha}/(2\,n)]) \\
C_0' &= (2/\pi)\,N\,(\mu/\mu_0)\,(1/n) \\
C_1 &= -(2/\pi)\,(N/A)\,(\mu/\mu_0)\,[1/(n\sqrt{1 - \alpha})] \\
C_1' &= (2/\pi)\,(N/A)\,(\mu/\mu_0)\,(1/n) \\
C_2 &= -(4/\pi)\,(N/[A^2\,(1 - \alpha)^2])\,[1 - (\mu/\mu_0)]
\end{aligned}\right\} \ \ldots \ (107)$$

Für $\alpha = 0{,}64$, d. h. mit $\sigma_e = \sigma_0$ gehen die Konstanten nach Gl. (45) in diese letzteren über.

Um schließlich die der früheren Hauptgleichung (50) entsprechende Gleichung abzuleiten, bilden wir gemäß Gl. (49) das auf den Mittelpunkt der ganzen Berührungslinie bezogene Moment

$$M = (\pi/4)\,[a^2\,C_1 + A^2\,C_1{}' + 2\,b\,C_0 + b\,a^2\,C_2],$$

woraus nach Einsetzen der Werte der Konstanten aus den Gl. (107) folgt:

$$M = N A \cdot a + N\,(A/2)\,(\mu/\mu_0)\,[1 - 2\,\alpha - (\alpha\,\sqrt{1-\alpha}/n)] \quad \ldots \quad (108)$$

oder mit Hilfe der dimensionslosen Größe $z = M/(N A)$ nach Gl. (51):

$$z = \alpha + (1/2)\,(\mu/\mu_0)\,[1 - 2\,\alpha - (\alpha\,\sqrt{1-\alpha}/n)] \quad \text{oder:}$$

$$\mu/\mu_0 = (z - \alpha)\,2/[1 - 2\,\alpha - (\alpha\,\sqrt{1-\alpha}/n)] \quad \ldots \ldots \ldots (109)$$

Diese Gleichung findet in den Bildern 11 und 12 ihre graphische Darstellung. Diese Bilder entsprechen den früheren Bildern 5 bzw. 6. Um die Kurve $(\mu/\mu_0)_{\max}$ in unserem Fall abzuleiten, suchen wir die Kurve $(d\mathfrak{p}\,(u)/d\,u)_{u=a} = 0$ und gehen dabei von der durch Gl. (102a) gegebenen Funktion $\mathfrak{p}\,(u)$ aus. Wir lehnen uns bei dieser Rechnung eng an die entsprechende von § 5 an, die mit Gl. (57) beginnt. Wie dort ersetzen wir zunächst in Gl. (102a) die Konstanten $C_1{}'$ und C_2 durch $C_1{}' = -C_1\sqrt{1-a}$ nach Gl. (105) und $C_2 = (C_1/a) - (C_2/a^2)$ nach Gl. (104) und erhalten so

$$\mathfrak{p}\,(u) = \frac{C_0}{2\,a^2}\,\sqrt{a^2 - u^2} + \frac{C_1}{2} \cdot \frac{(u/a)\,\sqrt{a+u} - \sqrt{(1-\alpha)\,(A+b+u)}}{\sqrt{a-u}} \quad (110)$$

wie sie auch aus Gl. (57) mit $C_2{}' = 0$ ohne weiteres hervorgeht. Führt man nun die Differentiation $d\mathfrak{p}/d\,u$ durch, ebenso wie in Gl. (58) und geht dann zur Grenze $u = a$ über. so folgt, wie dort auseinandergesetzt wurde, die der Gl. (60) entsprechende Beziehung

$$C_0 = (C_1/4)\,A\,(4 - 3\,\alpha - \alpha^2) \quad \ldots \ldots \ldots \ldots (111)$$

als Bedingung für $(d\,\mathfrak{p}/d\,u)_{u=a} = 0$. Setzt man aus Gl. (107) obige Werte der Konstanten C_0 und C_1 ein und schreibt $(\mu/\mu_0)_{\max}$ für μ/μ_0, um auszudrücken, daß dies die Grenzwerte sind, bei denen in der ganzen Berührungslinie nur Druck herrscht, während bei Überschreiten dieser Grenzkurve vorne Zug nötig wäre, so bekommen wir als Gleichung dieser Grenzkurve:

$$(\mu/\mu_0)_{\max} = (8\,n\,\sqrt{1-\alpha})/(8\,n\,\sqrt{1-\alpha} - \alpha + \alpha^2) = 8\,n/(8\,n - \alpha\,\sqrt{1-\alpha}) \quad (112)$$

Diese Gleichung entspricht Gl. (61). Sie ist in Bild 11 und 12 eingezeichnet worden. Die Ordinaten der Grenzkurve zur Abszisse $\alpha = 0{,}64$ stimmen in Bild 5 mit Bild 11 überein, wie zu erwarten war. Sie beträgt 1,136. Für diesen Wert von α ist $\sigma_e/\sigma_0 = 1$. Man erkennt aus Bild 11, daß die größtmögliche Schubkraft, die übertragen werden kann, mit abnehmendem α zunimmt. Für $\lim \alpha = 0$ wird $(\mu/\mu_0)_{\max} = 4/3$; d. h. die größte Schubkraft, die überhaupt übertragen werden kann, beträgt $1{,}33\,T_0$, wenn $T_0 = \mu_0 N$ die beim reinen Gleiten übertragbare Tangentialkraft bedeutet. Um beim Bremsen diesen Zustand zu erreichen oder ihm nahezukommen, muß man durch Anbringen der Bremsklötze möglichst nahe an die aus der Berührungslinie auslaufenden Radfasern einen möglichst großen Wert des Verhältnisses σ_e/σ_0 zu erzielen suchen. Ganz erreichen läßt sich der Grenzfall $\alpha = 0$, der vollkommenem Haften entspricht, nicht, wie wir in § 2 gesehen haben; denn es ist zum Ausgleich der Spannungen ein wenigstens kleines Schlüpfgebiet immer erforderlich.

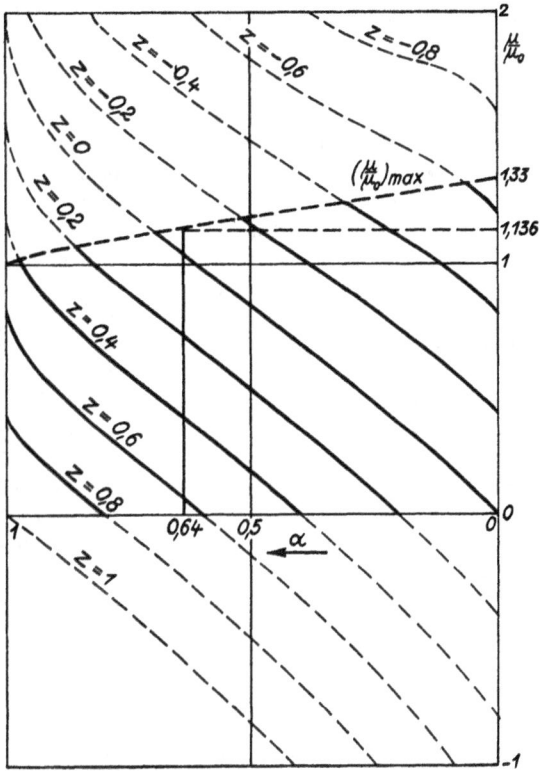

Bild 11

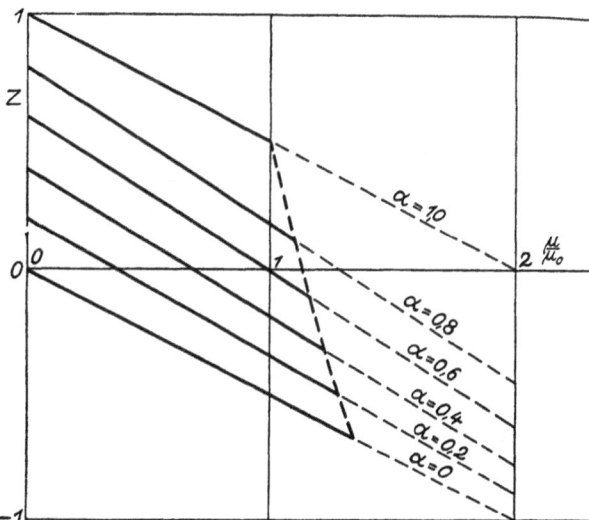

Bild 12

3a*

§ 9. Das Rollmoment und die Arbeit der rollenden Reibung

Bei der in den §§ 3, 4 und 5 entwickelten Theorie waren wir von der Annahme ausgegangen, daß die Spannung der in die Berührungslinie einlaufenden Faser entgegengesetzt gleich der Spannung der auslaufenden Faser ist. Um diese Bedingung zu erzwingen, waren wir genötigt, zur Erfüllung der Forderung im Unendlichen bei dem Ansatz für die Schubverteilung in der Berührungslinie neben den Gl. (21a) und (21b) auch noch Gl. (21c) mitzuschleppen. Entsprechend mußten wir im Ansatz für die Druckverteilung Gl. (35c) mit in Kauf nehmen. Schließlich konnten wir aber, um die Haftbedingung nicht zu verletzen, nur solche Lösungen zulassen, bei denen Gl. (62) bzw. (63) erfüllt war, d. h. bei denen die Gl. (21c) bzw. (35c) wieder wegfielen. In § 8 haben wir von vornherein auf diese letzteren Gleichungen verzichtet und konnten dies auch, da wir hinsichtlich der Spannungen der einlaufenden oder auslaufenden Faser keine Vorschriften machten, sondern das Verhältnis dieser beiden Spannungsgrößen σ_e/σ_0 zunächst offen ließen. Dadurch wird die Theorie, wie wir in § 8 sahen, gegenüber früher wesentlich vereinfacht.. In Zukunft wird man daher zweckmäßig gleich von dieser letzteren Fassung der Theorie ausgehen. Trotzdem schien mir der in dieser Arbeit gegebene Aufbau der Theorie der richtige zu sein; denn es dürfte für einen Forscher, der auf einem Gebiet weiter arbeiten will, von nicht geringem Interesse sein, zu erfahren, welchen Weg sein Vorgänger auf diesem Gebiet eingeschlagen hat, selbst wenn es nicht der kürzeste Weg zum Ziel war. Aber auch abgesehen von dieser Überlegung bietet der umständlichere Weg, den wir in den §§ 3 bis 5 beschritten haben, gewisse Einblicke, die uns der kürzere Weg nicht bietet. Das geht auch aus den folgenden Betrachtungen hervor.

Bei einem auf der Schiene ruhenden Rad, das außer dem Druck N keiner anderen Kraft ausgesetzt ist, wird in der Berührungslinie keine Tangentialkraft, sondern nur die Normalkraft N übertragen, die sich nach Hertz elliptisch über die ganze Berührungslinie verteilt. Dieser Zustand wird durch den Nullpunkt unseres Koordinatenkreuzes in Bild 5 charakterisiert; denn für ihn ist neben $\alpha = 0$ auch $T = 0$ und $M = 0$. Die Spannungen der in die Berührungslinie einlaufenden bzw. daraus auslaufenden Fasern in Rad und Schiene sind null. Wir wollen nun voraussetzen, daß an dem Rad ein kleines Moment M als äußere Last angebracht wird, das aber noch kein Rollen verursacht. Der diesen Zustand darstellende Punkt in Bild 5 liegt auf der α-Achse. Er wandert mit wachsendem M weiter nach links auf dieser Achse. Bild 7a zeigt die zugehörige Druckverteilung. Sie ist immer noch elliptisch, verteilt sich aber nur auf die vordere Berührungsstrecke von der Größe $1 - \alpha$. Durch diese Vorverlegung des Druckes wird dem angreifenden Moment von der Größe M das Gleichgewicht gehalten. Wenn der den Zustand darstellende Punkt auf der α-Achse den Wert $\alpha = \alpha_0 = 0{,}118$ erreicht hat, sollte man meinen, daß nunmehr die Rollbewegung beginnen würde, da hier die zugehörige z-Kurve $z = 0{,}118$ die α-Achse berührt, so daß an dieser Stelle $du/da = 0$ ist. Tatsächlich ist aber ein Rollen, das dem Punkt $\alpha = \alpha_0$ auf der α-Achse zugeordnet ist, nicht möglich, da dieses Rollen dem Energiesatz widersprechen würde; denn beim Rollen mit gleichmäßiger Geschwindigkeit muß die durch das Rollmoment M eingeleitete Arbeit im Schlupfgebiet durch Reibung in Wärme verwandelt werden, was bei der angegebenen Druckverteilung nicht möglich wäre. Trotzdem kommt dem ausgezeichneten Punkt $\alpha = \alpha_0$ auf der α-Achse eine für den weiteren Vorgang wichtige Bedeutung zu. Wie aus den Gl. (30a) und (56) hervorgeht, wird für $\alpha = \alpha_0$ die Tangentialkraft T jedenfalls null, auch wenn σ_0 nicht gleich null ist, d. h. es besteht bei Erreichen dieses Punktes die Möglichkeit der Umbildung des ganzen elastischen Spannungsbildes als Einleitung für den Rollvorgang. Da bis zum Erreichen des Punktes $\alpha = 0{,}118$ nach Gl. (50) wegen $T = 0$ gilt $M = A \cdot \alpha \cdot N$, so kann man das Moment $M_0 = A\alpha_0 N$ als das Anfahrmoment bezeichnen, bei dem der Zustand der Ruhe in den der Bewegung übergeht; dementsprechend beträgt der Arm des Anfahrmomentes

$$f_0 = M_0/N = A \cdot \alpha_0 = 0{,}118\,A \quad \ldots \ldots \ldots \ldots \quad (113)$$

Darnach wird sich, sobald das Rad mit konstanter Geschwindigkeit rollt, ein anderer Spannungszustand einstellen, wobei das Rollmoment gegenüber dem Anfahrmoment kleiner wird und das gleiche für den Arm der rollenden Reibung gilt. Darüber ist weiter unten noch einiges zu sagen.

Wir wollen vorher die Frage erörtern, welche Arbeit beim Rollen des Rades in Wärme verlorengeht, wenn eine beliebig große Kraft T in der Berührungslinie übertragen wird. Wir benützen hierzu die Darstellung des vorigen §.

Der Zusammenhang zwischen M, T und α wird durch die Hauptgleichung (108) bzw. (109) wiedergegeben bzw. in graphischer Darstellung durch die Abb. 11 und 12. Beachtet man, daß die Spannung der in die Berührungslinie einlaufenden Faser σ_0 und die der auslaufenden σ_e beträgt, so läßt sich Gl. (68) für den relativen Schlupf zwischen Rad und Schiene hier folgendermaßen umschreiben

$$S = 4\,r\,\pi\,[(\sigma_0 + \sigma_e)/E]\,[1 - (1/m^2)] \quad \ldots \ldots \ldots \quad (114)$$

Die bei einer Radumdrehung in Wärme verwandelte Energie wird erhalten, indem man den relativen Schlupfweg S mit dem im Schlupfgebiet übertragenen Anteil T^* der Tangentialkraft T multipliziert.

Im Schlupfgebiet ist die Schubverteilung durch Gl. (91b) gegeben, woraus

$$T^* = \int_{u'=-A}^{u'=A-2a} \frac{c_0' + c_2'\,u'}{2\sqrt{A^2 - u'^2}}\,du' \quad \ldots \ldots \ldots \ldots \quad (115)$$

folgt.

Führt man wieder $\alpha = b/A$ und $1 - \alpha = a/A$ ein, so erhält man wegen

$$\int_{u'=-A}^{u'=A-2a} \frac{du'}{\sqrt{A^2 - u'^2}} = \frac{\pi}{2} + \arcsin(2\alpha - 1)$$

und

$$\int_{u'=-A}^{u'=A-2a} \frac{u'\,du'}{\sqrt{A^2 - u'^2}} = -2A\sqrt{\alpha(1-\alpha)}$$

$$T^* = (\sigma_0 A/2)\,(\sqrt{1-\alpha}/n)\,[(\pi/2) + \arcsin(2\alpha - 1) - 2\sqrt{\alpha(1-\alpha)}] \quad (116)$$

wobei die Werte der Konstanten c_0' und c_1' gemäß Gl. (97) schon eingesetzt worden sind.

Durch Multiplikation von S nach Gl. (114) mit T^* nach Gl. (116) erhält man die „Schlupfarbeit" für einen Radumlauf. Unter Berücksichtigung von Gl. (99) erhält man

$$S \cdot T^* = 8r\,[T/(EA)] \cdot [\sqrt{\alpha}/(n\sqrt{1-\alpha})]$$

$$\times [T/(\pi \cdot n)]\,[(\pi/2) + \arcsin(2\alpha - 1) - 2\sqrt{\alpha(1-\alpha)}]\,[1 - (1/m^2)] =$$

$$= (8/\pi)\,(T^2/E)\,(r/A)\,[\sqrt{\alpha}/(n^2\sqrt{1-\alpha})]$$

$$\times [(\pi/2) + \arcsin(2\alpha - 1) - 2\sqrt{\alpha(1-\alpha)}]\,[1 - (1/m^2)] \quad \ldots \ldots \quad (117)$$

Faßt man die in Gl. (117) auftretenden, von α abhängigen Ausdrücke durch die Funktion

$$k(\alpha) = [\sqrt{\alpha}/(n^2\sqrt{1-\alpha})]\,[(\pi/2) + \text{arc sin}\,(2\,\alpha - 1) - 2\sqrt{\alpha\,(1-\alpha)}] =$$
$$= [\sqrt{\alpha}/(n^2\sqrt{1-\alpha})]\,[(\pi/2) - \text{arc cos}\,(2\sqrt{\alpha(1-\alpha)} - 2\sqrt{\alpha(1-\alpha)}] \quad (118)$$

zusammen, so kann man auch schreiben

$$S \cdot T^* = (8/\pi)\,(T^2/E)\,(r/A)\,k\,[1 - (1/m^2)] \;.\;.\;.\;.\;.\;.\; (119)$$

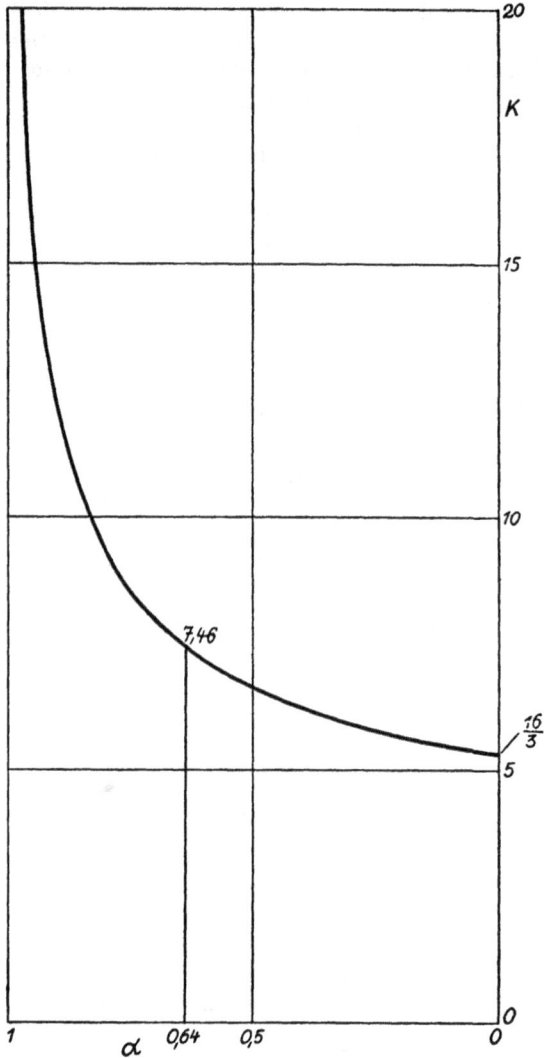

Bild 13

Die Funktion k ist in Bild 13 dargestellt. Bemerkenswert ist, daß sie für $\lim \alpha \to 0$ den Wert $16/3$ annimmt. Im folgenden wird dieser Grenzübergang durchgeführt:

$$\lim_{a \to 0} k = \lim_{a \to 0} (4\sqrt{\alpha}/\alpha^2)\,[(\pi/2) - \text{arc cos}\,(2\sqrt{\alpha\,(1-\alpha)} - 2\sqrt{\alpha\,(1-\alpha)}],$$

wobei $\lim\limits_{a\to 0} n = \lim\limits_{a\to 0} (1 - \sqrt{1-\alpha}) = \alpha/2$ berücksichtigt worden ist. Beachtet man die Entwicklung

$$\lim_{\varepsilon\to 0} (\text{arc cos } \varepsilon) = (\pi/2) - \lim_{\varepsilon\to 0} \text{arc sin } \varepsilon = (\pi/2) - [\varepsilon + (\varepsilon^3/6)]$$

so erhält man

$$\lim_{a\to 0} k = \lim_{a\to 0} (4\sqrt{\alpha}/\alpha^2)[2\sqrt{\alpha(1-\alpha)} + (4/3)\sqrt{\alpha(1-\alpha)^3} - 2\sqrt{\alpha(1-\alpha)}] =$$

$$= \lim_{a\to 0} (4\sqrt{\alpha}/\alpha^2)(4/3)\alpha\sqrt{a} = 16/3 \quad \ldots \ldots \ldots \ldots \ldots (120)$$

Für den Fall $\sigma_0 = \sigma_e$, dem $\alpha = 0{,}64$ entspricht, nimmt k den Wert $7{,}46$ an, womit aus Gl. (119) der Rollverlust berechnet werden kann. Wie Bild 13 zeigt, wäre es möglich, den Rollverlust dadurch herabzusetzen, daß man das Haftgebiet auf Kosten des Schlupfgebietes vergrößert, d. h. zu kleineren Werten α und damit nach Gl. (98) zu größeren Verhältnissen σ_e/σ_0 übergeht. Für Wälzgetriebe kann eine solche Maßnahme unter Umständen Bedeutung bekommen.

Wir wollen uns nunmehr dem Grenzfall zuwenden, daß das Rad weder selbst antreibt noch auch gebremst wird, sondern unbeschleunigt rollt. In diesem Falle nähert sich α dem Wert $\lim \alpha \to 0$. Hierfür berechnet sich der Verlust an mechanischer Energie bei einer Umdrehung des Rades nach Gl. (119) unter Berücksichtigung von Gl. (120). Um die darin auftretende Tangentialkraft T zu ermitteln, die mit r multipliziert das Rollmoment M ergibt, woraus der Arm der rollenden Reibung

$$f = M/N = Tr/N \quad \ldots \ldots \ldots \ldots \ldots (121)$$

folgt, wird die Verlustarbeit bei einer Raddrehung noch auf einem zweiten Weg berechnet.

Wir gehen zu diesem Zweck von dem „Nullintegral" der Gl. (5) von § 1 aus:

$$(\sigma_x)_{y=0} = \frac{1}{\pi}\int\limits_{-a}^{+a} \frac{c_0\,du}{(x-u)\sqrt{a^2-u^2}} = \begin{cases} 0 & \text{für } x^2 < a^2 \\ (x/|x|)(c_0/\sqrt{x^2-a^2}) & \text{für } x^2 > a^2 \end{cases} \quad (122)$$

Gemäß Gl. (8) ist die zugehörige Schubverteilung in der Berührungslinie:

$$q(u) = c_0/(2\sqrt{a^2-u^2}) \quad \ldots \ldots \ldots \ldots (123)$$

woraus die resultierende Schubkraft

$$T = \int\limits_{-a}^{+a} q(u)\,du = \frac{c_0}{2}\int\limits_{-a}^{+a} \frac{du}{\sqrt{a^2-u^2}} = \frac{c_0}{2}\left(\text{arc sin } \frac{u}{a}\right)_{u=-a}^{u=+a} = \frac{c_0}{2}\pi$$

oder

$$c_0 = 2\,T/\pi \quad \ldots \ldots \ldots \ldots \ldots (124)$$

folgt. Gl. (122) läßt sich durch partielle Integration folgendermaßen umformen:

$$(\sigma_x)_{y=0} = \frac{c_0}{\pi}\int\limits_{-a}^{+a} \frac{d\,[\text{arc sin }(u/a)]}{x-u} = \frac{T}{\pi}\left(\frac{1}{x-a} + \frac{1}{x+a}\right) - \frac{2\,T}{\pi^2}\int\limits_{-a}^{+a} \frac{\text{arc sin }(u/a)}{(x-u)^2}\,du \quad (125)$$

Der erste Anteil auf der rechten Seite dieser Gleichung entspricht gemäß Gl. (9) der Aufteilung der ganzen Schubkraft T in zwei gleiche Anteile $T/2$ am Anfang und am Ende des Haftgebietes, das in unserem Fall wegen $\lim \alpha \to 0$ mit dem ganzen Berührungsgebiet zusammenfällt. Der zweite Teil auf der rechten Seite der Gl. (125), das Integral, entspricht einer von der gegenseitigen Verspannung zwischen Rad und Schiene im Haftgebiet herrührenden Spannungsverteilung.

Über diese neuartige Grenzbedingung, die durch Dipole dargestellt wird, werde ich an anderer Stelle ausführlich berichten. Hier sei nur darauf hingewiesen, wie diese Verspannung zustande kommt.

Man kann sich diese Verhältnisse schon am Hertzschen Druckversuch klarmachen, wie es sich überhaupt bei dieser Überlegung um eine Erweiterung der Hertzschen Theorie handelt.

Der Kreisbogen des Rades von der Größe r arc sin (u/r) wird beim Übergang in die Drucklinie auf die Größe u verkürzt, so daß die Verkürzung genau genug

$$r \text{ arc sin } (u/r) - u = u^3/(6r^2) \quad \ldots \ldots \ldots \quad (126)$$

beträgt. Für das Haftgebiet mit lim $\alpha \to 0$ wird dieser Ausdruck $A^3/(6\,r^2)$, so daß am Ende des Haftgebietes bei der Entspannung ein Schlupf zustande kommt, der sich auf eine Radumdrehung bezogen zu

$$S' = [A^3/(6\,r^2)] \, (2\,r\pi/A) \quad \ldots \ldots \ldots \quad (127)$$

berechnet. Dieser Schlupfweg ist mit der dort übertragenen Tangentialkraft $T/2$ zu multiplizieren, um die Verlustarbeit zu erhalten. Sie ist demnach gleich

$$S' \, (T/2) = (r\,\pi/6) \, (A/r)^2 \cdot T \quad \ldots \ldots \ldots \quad (128)$$

Durch Gleichsetzen dieses Wertes mit dem gleichen Wert nach Gl. (119) erhält man

$$T = (\pi^2/16^2) \, E \, (A/r)^2 \; A(1/[1 - (1/m^2)]) \quad \ldots \ldots \quad (129)$$

oder wegen

$$A^2 = (8/\pi) \, [1 - (1/m^2)] \, (Nr/E)$$

den Arm der rollenden Reibung

$$f = Tr/N = (\pi/32) \, A \quad \ldots \ldots \ldots \quad (130)$$

oder

$$f = 0{,}098 \, A \quad \ldots \ldots \ldots \quad (130\text{a})$$

Der Arm der rollenden Reibung ist demnach, wie zu erwarten war, proportional mit A. Er ist, wie gleichfalls zu erwarten war, etwas kleiner als der Arm f_0 des Anfahrmomentes nach Gl. (114).

Zusammenfassung und Ausblick

Mit der vorliegenden strengen Theorie der rollenden Reibung ist der einfachste Fall zweier aufeinander rollender Räder gelöst. Damit besteht aber auch die Aussicht, andere Fälle rollender Reibung auf ähnlichem Wege zu lösen. Erfolgreich in Angriff genommen ist schon der Fall des Rollens, bei dem die beiden Körper verschiedene Elastizitätsmoduln besitzen. Auch der Übergang von der Haftreibung zur gleitenden Reibung dürfte auf diesem Wege rein elastizitätstheoretisch zu bewältigen sein. Schließlich sei darauf hingewiesen, daß die vorliegende Theorie nur als „streng" im Sinne der üblichen Elastizitätstheorie anzusprechen ist. Eine Erweiterung unter Berücksichtigung von Formänderungsgrößen höherer Ordnung, ähnlich wie es schon bei der Ableitung des Armes der rollenden Reibung im § 9 notwendig war, dürfte zur Ergänzung vielleicht noch notwendig werden. Ein schwierigeres Problem stellt die Untersuchung der Rollreibung bei der rollenden Kugel dar, eine für die Kugellager-Industrie wichtige Frage. Ich darf die Hoffnung aussprechen, daß mit dieser Arbeit der Weg zu dem bisher sehr vernachlässigten Gebiet der Reibung richtig eingeschlagen worden ist und daß sich von hier aus dieses Gebiet als neues Kapitel in die theoretische Mechanik wird einbauen lassen.

Anmerkung des Verlags

Die notwendige Einsparung von Papier hat uns zu einigen neuen satztechnischen Maßnahmen veranlaßt:
Neben der Verringerung von Schriftgrad und Durchschuß werden dem Leser vor allem Änderungen in der Formelschreibweise auffallen, die in weitgehender Verwendung des schrägen Bruchstriches begründet sind. Zur kurzen Kennzeichnung seien im folgenden zwei Formeln in der bisherigen und in der neuen Schreibweise gegenübergestellt:

I a
$$\frac{2}{\sqrt{\alpha}} - \frac{1}{1 - \sqrt{1-\alpha}} = 0$$

I b
$$(2/\sqrt{\alpha}) - [1/(1 - \sqrt{1-\alpha})] = 0$$

II a
$$A = 2 \sqrt{\frac{2N}{\pi} \cdot \frac{1 - \frac{1}{m^2}}{\left(\frac{1}{r_1} + \frac{1}{r_2}\right) E}}$$

II b
$$A = 2 \sqrt{(2N/\pi)\,[1 - (1/m^2)]\,/\,([(1/r_1) + (1/r_2)]\,E)}$$

Das Ausmaß der so erzielten Papierersparnis ist weit größer, als es auf den ersten Blick erscheinen mag. Wir sind uns darüber im klaren, daß die Übersichtlichkeit bei Anwendung der neuen Schreibweise mitunter leidet, erhoffen aber bei den Lesern Verständnis dafür, wenn wir auf diese Weise eine Erhöhung der Auflage oder die Herausgabe weiterer Werke ermöglichen können.
Hierzu kommt aber noch ein weiterer Gesichtspunkt: In den angelsächsischen Ländern sind ähnliche Maßnahmen im Formelsatz schon seit längerer Zeit üblich. Hier war gewiß nicht die Papierersparnis, sondern die Vereinfachung und vielleicht auch die damit verbundene Verbilligung des Satzes maßgebend. Gerade in Deutschland aber werden wirtschaftliche Überlegungen in Zukunft — nicht zuletzt für den Käufer — von größter Bedeutung sein.

Lebenslauf von Prof. Dr. Ludwig Föppl

Geboren am 27. Febr. 1887 in Leipzig als Sohn des nachmaligen o. Professors an der Technischen Hochschule München, Dr. August Föppl. Seit 1894 in München. Hier Besuch der Volksschule und des Humanistischen und Realgymnasiums. Reifeprüfung Sommer 1906.

1906—1908	Technische Hochschule München als Maschineningenieur bis zum Vorexamen.
1908—1909	Universität Göttingen.
1909—1910	Universität und Technische Hochschule, München.
1910	Lehramtsprüfung für Mathematik und Physik.
1910—1912	Universität Göttingen. Doktorprüfung bei David Hilbert.
1912—1914	Assistent bei Felix Klein.
März 1914	Habilitation an der Universität Würzburg, für angewandte Mathematik.
Sommer-Semester 1914	Privatdozent an der Universität Würzburg. Vorlesungen über Reihenentwicklungen der mathematischen Physik.
1914—1918	Militärdienst.
1919—1920	Als Privatdozent an die Technische Hochschule München berufen, um vertretungsweise Vorlesungen über Mechanik zu halten.
1. 4. 1920	Als o. Professor für Mechanik an die Technische Hochschule Dresden berufen.
Ab 1. 4. 1922 bis heute	o. Professor für Mechanik an der Technischen Hochschule München.

www.ingramcontent.com/pod-product-compliance
Lightning Source LLC
Chambersburg PA
CBHW081247190326

41458CB00016B/5946